비건 미트

Making Vegan Meat
by Mark Thompson

채소로 만드는 햄버거·스테이크·치킨·베이컨·씨푸드 비건 요리법

비건 미트

마크 톰슨 지음 · **최경남** 옮김

보누스

비리아 타코를 위한 멕시코식 풀드포크·136쪽

차례

◆◇ 일러두기

- 이 책의 모든 레시피는 미국식 표준 측량법에 기초합니다.
  계량컵 단위는 1컵 = 250ml(또는 240ml), ½컵 = 125ml, ⅓컵 = 80ml, ¼컵 = 60ml입니다.
  계량 스푼 단위는 1큰술 = 1T = 15ml, 1작은술 = 1t = 5ml입니다.
- 조미료의 양은 정확한 양을 사용해야 할 때는 분량을 표기하였고, 입맛에 맞춰 조절해도 될 때에는 분량 표기를 하지 않았습니다.
- QR코드를 통하면 저자의 유튜브 채널 영상으로 연결됩니다. 만드는 과정을 더 자세히 볼 수 있습니다.
- [ ]는 역자 주입니다.
- 이 책에서 사용하는 재료 및 도구 중 구하기 어려운 것이 있다면
  저자의 웹사이트(www.amazon.com/shop/saucestache)와 158쪽을 참조하길 바랍니다.

◆ 프롤로그 ◆

만족스러운 식감과 맛을 찾아서

우선 책을 한번 쓱 보자! 책을 펼쳤을 때 보이는 요리들이 새롭고 창의적이며 기발하다고 생각하지 않는가. 이 책에서는 이렇게 새로운 요리, 특히 비건 미트 요리를 만드는 법을 설명한다. 나는 여러분이 이 책을 가끔 펼쳐 보면서 그저 새로운 요리법을 찾는 데 그치지 않고, '소스 스태시'[Sauce Stache. 저자 마크 톰슨의 유튜브 채널]의 안내서로서 식물성 재료로 다양한 고기 요리를 만드는 방법 자체를 익히기 바란다. 책에 나오는 음식의 맛과 냄새, 식감을 어떻게 찾아냈는지 보면서 레시피를 만들어나가는 통찰력까지 얻는다면, 자신만의 비건 미트 레시피도 만들 수 있기 때문이다.

레시피는 꼭 순서대로 따르지 않아도 괜찮다. 양념이나 소스, 재료도 자신의 기호에 맞게 얼마든지 바꿔도 좋다. 새로운 것을 시도해 보고, 실험하자! 무언가를 한번 만들어봤다면, 다음번에는 재료를 완전히 다른 것으로 바꾸어 만들어보자. 모두를 놀라게 할 요리는 이렇게 새로운 것을 시도하는 과정에서 만들어진다.

이 책에 나오는 요리를 만들면서 각자에게 만족스러운 식감과 맛을 찾길 바란다. 요리를 만드는 법부터 각각의 재료가 어떤 작용을 하는지까지 차근차근 소개할 것이다. 기존의 레시피를 더 훌륭하게 만들 수 있는 대체 재료와 응용 방법에 대한 아이디어도 담았다. 아는 맛을 정확히 구현할 수 있는 방법도 알려주겠다. 이 책을 통해 건강하고 올바른 음식을 찾는 욕구를 채울 뿐 아니라 음식을 만들 때 필요한 창의성도 키우기 바란다.

세이탄으로 만든 베이컨 · 122쪽

소스 스태시를 시작한 이유

나는 어렸을 때부터 항상 사물이 어떻게 만들어지고 작동하는지 궁금했다. 그래서 전자제품부터 악기, 자동차, 장난감 등 무엇이든 가리지 않고 분해한 후 다시 조립하곤 했다. 사물을 이해하고자 하는 욕구와 새로운 것을 창조하려는 욕구가 만나 지금의 소스 스태시라는 유튜브 채널이 탄생했다.

소스 스태시는 내 창의성을 발산하는 수단이자, 재미있고 흥미로운 것을 만들어내는 방법이다. 이 채널은 원래 소스 레시피를 소개하기 위해 만들었다. 2016년 초, 지금의 아내 모니카를 만났는데 당시 그녀는 요가 블로그와 유튜브 채널을 운영하고 있었다. 블로그를 중심으로 자신의 콘텐츠를 만들고 운용하는 열정이 마음에 들었다. 그리고 2016년 8월쯤, 우리가 자주 만들어 먹는 소스 레시피를 소개하는 콘텐츠를 만들어야겠다고 다짐했다. 이렇게 만든 콘텐츠를 블로그에 올려야겠다는 생각은 유튜브 채널을 만들고자 하는 행동으로 빠르게 옮겨졌다.

소스 스태시를 만들고 처음 몇 달은 편집과 촬영에 대해 배우고, 처음으로 제대로 된 카메라를 구입하면서 설레고 즐거웠다. 시간이 흐르자 더 많은 것이 하고 싶어졌다. 9개월 후 직접 카메라 앞에 서게 되었고, 비건 제품을 이용한 페스카테리언[pescatarian. 육류가 아닌 해산물까지는 섭취하는 채식주의자] 중심의 식단 트렌드를 소개하는 영상을 만들기 시작했다.

비건+미트

많은 사람이 식물성 재료로 만든 음식을 즐겨 먹는다. 나도 이 음식을 좋아한다. 식물성 음식은 요리의 세계를 넓히며 동물 복지까지 고려하기 때문이다. 건강 때문이든, 환경과 동물 보호 때문이든, 이 모든 이유 때문이든, 식물성 음식을 먹는 이유는 저마다 다를 것이다. 식물성 재료를 사용해 음식을 만드는 것이 어렵고 까다롭다고 생각할지도 모른다. 하지만 더 건강하고 맛있는 음식을 만들기 위해 새로운 방법을 시도하면서, 창의성을 최대한 끌어올릴 수 있다.

식물성 육류는 대체로 최신 유행 재료를 기반으로 하지 않는다. 초기 채식주의자들은 두유를 끓이면 생기는 피막을 건져 조미료와 함께 단단히 뭉쳤다. 이런 방법으로 진짜 육류와 비슷한 식감과 맛을 가진 모조 육류를 만들어냈다. 식물성 재료로 만드는 육류 요리법은 아직도 많은 부분에서 향상될 필요가 있다. 이를 위해 긴 여정을 준비 중이며, 이 책을 펼친 여러분도 같은 마음일 거라 생각한다.

맛의 조합은 계속된다

나는 사물을 본래보다 더 쉽게 느끼도록 비유하는 것을 좋아한다. 여러분 앞에 정답이 놓여 있더라도 보지 말고, 시험 치듯 이 책을 사용했으면 좋겠다. 다음에 나오는 필수 재료 및 도구, 첨가물, 그리고 그것들을 사용하는 방식 등에 대한 설명은 건너뛰어도 좋다.

일단 몇 가지 레시피부터 만들어보고 무엇이 좋고 좋지 않은지부터 파악하자. 완성한 요리의 식감은 괜찮은데 맛이 좋지 않다면, 뒤에 있는 찾아보기를 참고하길 바란다. 스스로 생각하기에 더 좋을 것 같은 맛의 조합을 찾는 과정을 끊임없이 반복해 보자. 이런 과정을 거치면서 자신만의 창작 레시피를 얻을 수 있다!

◇◆◇

이 책에서 사용하는 재료 및 도구

주요 식재료 소개

버섯은 냉장고에 넣어두거나 다용도실에 말려두기 아주 좋은 재료다. 버섯에는 기본적으로 훌륭한 단백질이 있고, 버섯을 이용하면 해산물에서부터 풀드포크(pulled pork)에 이르기까지 거의 모든 음식을 만들어낼 수 있다.

새송이버섯

내가 새송이버섯을 처음 발견한 곳은 아시아 슈퍼마켓이었다. 나는 그렇게 큰 버섯은 처음 봤다. 새송이버섯은 느타리버섯과 비슷하게 생겼지만 크기는 10배쯤 크다. 버섯 베이컨을 만들 때 처음으로 이 버섯을 사용해 봤는데, 식감이 가벼우면서도 고기 맛이 느껴져 강렬한 인상을 받았다. 그때 이후로 새송이버섯을 사용해 비건 갈비, 비건 풀드포크, 비건 관자, 비건 오징어 요리 등을 만들었다. 크기 덕분에 다양하게 활용할 수 있는 재미있는 버섯이다. 뭉텅뭉텅 잘라도 되고, 얇게 또는 잘게 썰어도 되며, 깍둑썰기를 해도 된다. 새송이버섯으로 어떤 음식을 만들 수 있을지 생각해 보자.

새송이버섯

분홍 느타리버섯

분홍 느타리버섯은 돼지고기의 맛과 향이 느껴지며, 프라이팬에 구우면 약간 베이컨 같기도 하다. 이 버섯은 근처 슈퍼마켓에서 구하기 힘들 수도 있다. 재배농가가 적어서 매우 희귀하므로 홈 가드닝 키트를 사용해 집에서 직접 키우는 것이 더 낫다. 이 버섯으로 비건 스테이크를 만들고 싶다면 양념을 해서 굽거나 간단히 볶으면 된다!

노루궁뎅이

원숭이머리버섯으로도 불리는 노루궁뎅이는 다양한 용도로 사용할 수 있다. 인근의 한 버섯농가를 방문해 이야기를 나누다 이 버섯을 처음 알게 됐다. 이 버섯은 실내에서 키우기 쉽고 마트에서도 쉽게 구할 수 있다. 노루궁뎅이는 식감이 독특하다. 또한 해산물과 같은 향과 맛을 가지고 있어 게살을 대체하기 좋다. 책에서는 게살 케이크를 만들었지만, 세로로 길게 썰면 노루궁뎅이 스테이크를 만들 수도 있다. 소금과 후추를 약간 뿌려 프라이팬에 굽기만 해도 맛있게 먹을 수 있다.

노루궁뎅이

덕다리버섯

덕다리버섯은 내가 정말로 좋아하는 버섯이다. 덕다리버섯은 미국과 유럽을 포함한 전 세계 곳곳에 분포하며, 강가의 고목에서 자라는 희귀한 나무 버섯이다. 이 버섯의 특이한 이름(chicken of the woods)은 닭고기 맛이 난다고 하여 붙여졌다. 실제로 닭고기와 같은 질감이 느껴지며 맛 또한 믿을 수 없을 정도로 비슷하다! 나는 덕다리버섯을 요리할 때 프라이팬에 볶거나 오븐에 굽기도 하고, 허브나 향신료를 넣어 빵가루 옷을 입히기도 한다. 어떤 방법으로 요리하든 이 버섯은 항상 닭고기 같은 맛을 낸다는 장점이 있다. 덕다리버섯은 구하기 힘들기 때문에 버섯 판매업자의 온라인 홈페이지를 확인해 보는 것이 좋다. 생버섯을 구입하는 게 가장 좋지만, 건조 버섯을 구입해서 사용해도 괜찮다.

랍스터버섯

랍스터버섯은 풍미가 가장 좋은 버섯이다. 냄새와 맛뿐 아니라 생김새까지 랍스터를 닮아서 이런 이름이 붙여졌다. 이 버섯은 두 가지 다른 균류, 즉 일반적인 하얀 양송이버섯과 외부에서 자라는 붉은색 균류로 구성되어 있다. 랍스터버섯을 버터와 볶은 후 넣을 수 있는 모든 양념을 가미해 실제 랍스터를 사용한 것처럼 맛있는 롤 샌드위치를 만들 수 있다. 아마 이 요리를 하고 나면 온 집에 신선한 랍스터 냄새가 날 것이니 흠뻑 느껴도 좋다.

하지만 아쉽게도 랍스터버섯은 구하기 매우 어렵다.

* 랍스터버섯을 요리할 때 올드 베이 시즈닝[여러 가지 허브와 향신료가 섞인 조미료로 가금류나 육류에 주로 사용하지만 게살, 랍스터 같은 해산물에도 많이 사용된다.]은 어울리지 않는다.

무

무를 처음 알게 된 곳은 초밥집이었다. 섬유질이 많고 아삭한 음식을 직접 보게 되자 전에는 없던 탐구욕이 생겼다. 무는 씹는 맛이 좋고 첨가하는 모든 맛을 쉽게 흡수한다. 무를 활용하기 좋은 방법은 당근과 함께 가늘게 채썰어 피클을 만드는 것이다. 두 번째로 좋은 방법은 슬라이스해서 베이컨으로 만드는 것이다. 내가 정말 좋아하는 비건 베이컨이며, 레시피는 책에 수록되어 있다.(119쪽 참고) 무 몇 개를 가지고 피클을 만들고, 잘게 썰어보고, 여러 향을 더해보면서 신나게 이것저것 만들어보자.

수박무

수박무는 무와 비슷해서 활용하기 좋지만 맛은 매우 다르다. 수박무는 후추같이 쏘는 맛이 나며 안쪽에 분홍빛이 돈다. 또한 일반 무보다 섬유질이 씹히는 정도가 살짝 더 성긴 느낌이다. 나는 셰프들이 수박무를 얇게 슬라이스하여 프로슈토처럼 사용하는 것을 본 적이 있다. 이 경험으로 수박무를 처음 접했다. 특히 윌 호로위츠(Will Horowitz) 셰프는 이 방식을 처음 도입하고, 수박으로 만든 햄에 훈연을 하는 방법도 대중화한 사람이다. 내가 좋아하는 수박무 요리 방법은 고기 향이 나는 국물에 염지시킨 후 소고기처럼 조리하는 것이다. 이것은 놀라운 식감을 얻을 수 있는 마법 같은 레시피다.

영 그린 잭프루트

식물성 음식을 만들어 먹는 사람이라면, 잭프루트 통조림은 항상 주방에 구비해야 한다. 그만큼 다양하게 활용할 수 있는 재료이기 때문이다. 잭프루트를 사용해서 아주 놀라운 음식을 만들어내는 셰프들을 많이 보았고, 나도 몇 가지 기발한 레시피를 개발했다. 이 책에서도 몇 가지 레시피에 잭프루트가 등장할 것이다. 주된 이유 중 하나는 잭프루트의 순한 식감과 맛 때문이다. 닭고기 양념을 더하면 풀드치킨(pulled chicken)을 만들 수 있고, 바비큐 소스를 넣으면 맛있는 풀드포크를 만들 수 있다. 굳히는 재료를 사용해서 모양을 만들어 양념을 하고, 튀겨내면 잭프루트 너겟이 완성된다. 잭프루트 치킨과 와플, 내슈빌 핫 잭프루트 등 잭프루트를 이용한 레시피는 무궁무진하다.

다음으로 기본 식재료에서 질감을 살리는 재료들을 살펴보려고 한다. 과학 수업에서 보던 재료들이 아닌가 싶을 수도 있지만, 걱정할 필요는 없다. 이 재료들은 모두 마트에 놓인 식물성 식품의 원재료명에서 찾아볼 수 있고, 다른 재료로 쉽게 대체할 수 있다.

잭프루트

결착제, 점도증진제, 충전제

메틸셀룰로스

식물성 버거를 만들 방법을 고민하다가 한 가지 재료를 생각해냈다. 모든 식물성 육류 제품에 들어 있는 메틸셀룰로스였다. 이것은 점도증진제(thickener)이자 유화제(emulsifier)로 열을 가하면 단단해지고 식히면 부드러워진다. 익히고 식히는 과정을 반복할수록 더욱 단단해진다. 원하는 질감을 얻을 때까지 이 과정을 여러 차례 반복할 수 있다. 내가 만드는 대부분 식물성 육류 요리에는 고점성 버전의 메틸셀룰로스를 사용하는데, 다른 재료와 안정성을 잘 유지하고 차가운 액체와도 잘 섞인다.

카파 카라기난

카파 카라기난은 마법 같은 재료다. 가열과 냉각 과정을 거치면 믿을 수 없을 정도로 단단해진다. 비건 치즈를 만들 때 가장 많이 사용되며, 치즈를 단단하게 굳힐 뿐만 아니라 치즈를 녹이기도 한다. 카파 카라기난은 지방을 기름으로 추출하면서 질감은 그대로 유지한다. 특히 육류의 마블링 지방을 대체하는 데 아주 큰 역할을 한다. 액체류에도 이것을 소량 넣을 수 있는데, pH가 중성일 때 가장 안정적이다. 액체가 너무 산성이거나 반대로 너무 알칼리성이면 제대로 굳지 않는다는 뜻이다. 액체가 너무 산성이라면 베이킹 소다를 한 꼬집 정도 넣어 농도를 중성화하면 된다.

한천

한천은 완벽한 비건 젤라틴 대체재다. 카파 카라기난과 마찬가지로 홍조류에서 추출된다. 열을 가한 액체에서 용해되며 차가워지면 단단해진다. 그러므로 여러 번 녹였다가 다시 굳힐 수 있다. 약 85℃의 높은 온도에서도 굳은 상태를 유지한다.

곤약검

곤약검(글루코만난)은 일본에서 인기 있는 식물성 스테이크의 주재료이며, 칼로리가 거의 없다. 곤약검을 처음으로 알게 된 것은 식물성 해산물 제조에 대해 조사하고 있을 때였다. 이때 새우나 날생선 등을 비롯한 대부분의 식물성 해산물에 곤약 파우더나 곤약검을 사용한다는 것을 알게 되었다. 곤약은 꽤 단단한 고형물임에도 겔화되는 놀라운 성질을 가지고 있다. 이 반응은 수산화칼슘을 추가할 때 일어나는 것으로 생선향을 더하는 데 도움을 준다.

잔탄검

잔탄검은 점도증진제이자 안정제이며, 글루텐프리와 키토베이킹에 자주 쓰인다. 마트에서 또는 식품의 영양 성분표에서 본 적이 많을 것이다. 재빨리 굳혀야 하는 소스가 있다면 잔탄검을 조금 넣고, 걸쭉한 액체를 만들고 싶다면 잔탄검을 많이 넣으면 된다. 이것을 넣어 만든 소스는 굳지 않고 고르게 흩어진다. 가늘게 흘러내리도록 만들고 싶을 때도 정말 훌륭한 역할을 한다. 잔탄검은 음식을 익히거나 굳힐 때 풍미를 더욱 더해준다.

알긴산나트륨

알긴산나트륨은 식물성 소시지 제품 설명서에서 자주 볼 수 있다. 칼슘을 만나면 단단해지는 성질이 있어 비건 육류를 감싸는 껍질 또는 케이싱을 만들기 좋다. 어란이나 캐비어 같이 소량의 액체로 채워진 둥근 형체를 만들 때도 활용하기 좋다. 그리고 세이탄[seitan. 고단백 저지방의 밀 글루텐을 말하며 맛과 질감이 육류와 비슷하여 '밀고기'라고 불린다.]과 조합하면 식감이 더욱 풍부해진다.

염화칼슘 / 젖산칼슘

이 재료는 알긴산나트륨과 함께 겔화제로 사용된다. 염화칼슘은 요리에 알긴산염이 들어 있을 때 사용하면 좋다. 또한 쓴맛이 나기 때문에 요리에 칼슘이 쓰이지 않았을 때 사용하면 좋다. 젖산칼슘의 경우 요리에 칼슘이 들어가고, 알긴산염이 겔화제가 될 때 사용하는 것이 가장 좋다. 이 책에 있는 비밀의 달걀 노른자 레시피(104쪽)를 만들 때 사용해 보자.

타피오카 전분

타피오카 전분은 놀라운 재료다. 푸딩에서부터 타피오카 펄, 크래커, 사탕, 베이킹 제품 등에 이르기까지 다양하게 사용된다. 이 전분은 카사바 식물의 뿌리에서 추출된다. 식물성 육류 요리에 사용하면 지방 결착제에서부터 겔화제, 또는 식물성 조직 단백(TVP)이나 세이탄에서 더욱 안정적인 결착력을 만든다.

감자 전분

감자 전분은 다양하게 활용하기 좋은 재미있는 재료다. 나는 감자 전분으로 베이컨을 만들기도 하고, 결착제나 점도증진제로도 사용한다. 감자 전분은 불에 익히면 단단해지기 때문에 이 자체로 뛰어난 역할을 한다. 점성이 있는 물질을 만들고자 할 때 겔화하는 성질도 지니고 있다.

밀 전분

밀 전분은 밀가루에서 추출한 것이며 밀가루를 씻어내 만든 세이탄의 부산물이기도 하다. 밀 전분은 음식의 식감과 결착을 위해 사용하거나 점도증진제로 사용할 수 있다. 이 재료는 비건 미트 요리에서 지방 대체재로서 훌륭한 역할을 한다.

찹쌀가루

찹쌀은 강한 신축성과 끈적끈적한 질감을 가지고 있어 요리에 활용하기 좋다. 나는 지방 대체재와 식물성 베이컨을 만들 때 찹쌀가루를 사용해 왔다. 그리고 여전히 찹쌀가루를 이용한 다양한 레시피를 연구하고 있다. 이 재료를 다양한 방식으로 활용해 보길 바란다.

대두 레시틴

대두 레시틴은 식품에 첨가하면 윤활제와 유화제 기능을 한다. 기름의 유화를 안정적으로 유지하는데 도움을 주고, 달걀 대체재로도 사용할 수 있다.

애로루트

애로루트는 일반적으로 점도증진제, 달걀 대체재, 결착제 등으로 사용된다. 보통 비건 치즈에 들어간다.

치아시드 / 아마시드

치아시드는 라틴아메리카에서 중요한 식재료로 사용되어 왔다. 물 또는 우유에 불려 음료로 마시거나 시리얼, 샐러드, 요거트에 넣어 먹는 등 다양하게 활용할 수 있다. 특히 물에 담가두면 부피가 최대 12배까지 불어난다. 두 가지 시드 모두 점도증진제와 겔화제로 훌륭하게 기능하며 달걀 대체재로도 사용이 가능하다.

버사휩 600K

버사휩(versawhip)은 변성 대두 단백질이며 달걀 대체재로 사용할 수 있다. 지방이 들어 있지 않은 액체에 거품을 내는 역할을 한다.

단백질 첨가제와 조직 단백

식물성 조직 단백(TVP)

식물성 조직 단백은 1960년대에 아처 대니얼스 미들랜드(Archer Daniels Midland)에 의해 발명된 후 통조림의 충전제로 광범위하게 사용되었다. 이후 채식주의자들은 이것이 식물성 육류의 식감을 만드는 데 유용하다는 것을 발견했다. 나는 TVP를 버거나 다짐육을 필요로 하는 모든 레시피에 사용하고 있다. 이 재료는 물에 불려서 사용할 수 있고, 상온에서 오래 보관할 수 있다. 또한 크기가 다양하며 대부분 맛이 첨가되어 있지 않다. 온라인으로 쉽게 구할 수 있으니 주방에 구비해 두는 것을 추천한다.

식물성 조직 단백(TVP)

Resealable Package
365
ORGANIC
Pea Protein
UNFLAVORED
USDA ORGANIC
16 GRAMS OF VEGAN PROTEIN PER SERVING
NO SUGAR ADDED* & EXCELLENT SOURCE OF IRON
DIETARY SUPPLEMENT
NET WT 16 OZ (1 LB) 454g
Magical

Magical Ingredients for the Modern Cook
modernist pantry
Kitchen Alchemy
Gelation
Chloride Pellets
Grade Calcium Chloride
Organic®
NE COAST MAINE
USDA ORGANIC
Salt Alte

완두콩 단백질

완두콩 단백질은 지난 몇 년간 식물성 육류 요리에서 많은 주목을 받은 재료다. 식물성 닭고기 대체 식품에 완두콩 단백질이 사용된다는 것을 알고 채식 버거를 만들 때 넣어 보았다. 처음에는 완두콩 단백질 분리물을 주위에서 찾아보기 힘들었지만, 요즘엔 온라인이나 마트에서 발견할 수 있다. 완두콩 단백질은 매우 순한 맛을 가지고 있기 때문에 맛의 깊이와 식감을 더해주는 결착제나 점도증진제와 아주 잘 합쳐진다.

감자 단백질

최근 들어 감자 단백질을 단백질 충전제나 달걀 대체재로 사용하기 시작했다. 이 재료를 활용해 본격적인 레시피를 개발하지는 않았지만, 보다 손쉽게 구할 수 있게 되면 마음껏 연구할 예정이다.

활성 밀 글루텐

활성 밀 글루텐은 수천 년간 육류 대체재로 사용되어왔으며, 식물성 육류 요리에 식감을 더욱 높여준다. 글루텐은 밀의 단백질이다. 밀가루 반죽을 만들고 힘차게 치댄 후, 물에 씻어서 전분을 모두 제거하면 간단하게 밀 글루텐을 만들 수 있다. 또한 이 과정으로 세이탄이 만들어진다. 물이나 향이 들어간 국물에 이것만 넣어도 되고, 결착이나 질감을 더하기 위해 다른 제품이나 채소를 추가해도 된다.

풍미를 더하는 식품 첨가제

버섯 추출 조미료

이 재료는 다른 조미료들과는 다르게 감칠맛을 극대화하는 데 강력한 역할을 한다. 대부분의 식물성 육류 요리에 이 재료를 사용하며, 이외의 요리에도 한 꼬집씩 뿌려 먹기도 한다. 파스타 소스나 수프, 죽, 그레이비에는 항상 넣어 먹고 팝콘이나 프렌치 프라이 위에도 뿌려 먹는다.

켈프 그래뉼

켈프 그래뉼은 좋은 생선향을 낸다. 일반적으로 식물성 해산물 요리는 바다 향을 내기 위해 김을 사용한다. 하지만 나는 김을 사용하는 것에 항상 불만이 있었다. 김은 맛이 너무 순하고 특유의 질감을 가지고 있기 때문이다. 반면에 켈프 그래뉼은 김에 비해 풍미가 훨씬 강렬하면서도 잘 녹는 해초 알갱이다. 생선에서 느껴지는 맛을 음식에 더하고 싶을 때마다 이 재료를 사용한다.

* 구하기 힘든 경우 다시마 과립 또는 조미김을 빻아 사용해도 된다.

젖산

음식에 치즈향을 내고 싶거나 산미를 높이고 싶을 때는 젖산을 사용한다. 젖산은 유제품에서 흔히 발견할 수 있지만 비건 젖산의 경우 발효 사탕무로 만든다. 두부에 넣고 섞으면 사워크림을 뚝딱 만들 수 있다. 비건 치즈 요리라면 어떤 것이든 젖산을 한 꼬집만 넣어보자. 치즈 맛이 더욱 깊어진다.

마마이트 / 효모 추출물

'효모 추출물'이라는 말을 한 번쯤 들어봤을 것이다. 효모 추출물의 가장 흔한 형태는 맥주 잔여 효모다. 그 풍미는 진한 육류향과 같아서 액체에 넣어 국물로 만들면 소고기 국물과 비슷해진다. 마마이트는 향이 가볍게 첨가된 효모 추출물로 내가 애용하는 재료다. 이 책에 나오는 모든 '소고기' 레시피에 들어간다.

* 재료를 구하기 힘든 경우 amazon.com/shop/saucestache에서 구매하면 된다.

영양 효모

영양 효모는 자연에서 수확되어 건조된 효모이며 죽은 효모이기도 하다. 영양 효모는 활성 건조 효모나 빵 효모와는 다르게 치즈와 같은 맛이 난다. 팝콘이나 감자튀김 위에 뿌려 먹어도 좋고, 모든 치즈 요리에 두루 잘 어울린다. 사촌격인 효모 추출물과 마찬가지로 아주 짭조름한 맛을 가지고 있다. 이 짭조름한 맛은 식물성 치즈를 만들 때 첨가하기 좋다. 적당히 맛을 잘 내면 식물성 육류 요리의 풍미를 증진시키는 데 도움을 줄 수 있다.

영양 효모

비트 가루

비트 가루는 내가 정말 좋아하는 재료다. 모든 요리에 구수한 흙내음을 더해주면서 독특한 맛을 내고, 색깔을 변화시켜주기 때문이다. 비트 가루는 분홍색이지만 열을 가하면 갈색으로 변한다. 하지만 중심부는 여전히 분홍색을 유지한다. 그래서 이 재료를 사용해 비건 수제 버거를 만들면 신선한 생고기 느낌이 나는 패티를 만들 수 있다.

기타 재료들

식초 가루

식초의 맛이 필요하지만 혼합물이 묽어지는 것을 피하고 싶을 때 사용한다.

녹두 단백질로 만든 스크램블·109쪽

밥스레드밀 에그 리플레이서

밥스레드밀 에그 리플레이서는 다양하게 사용할 수 있는 훌륭한 달걀 대체재다.

병아리콩 통조림(아쿠아파바)

아쿠아파바는 병아리콩 물로, 좋은 달걀 대체재다. 머랭 거품을 순식간에 만들 수 있고 결착제로도 충분히 사용할 수 있다. 이 통조림을 주방에 갖추고 있으면 어느 요리에나 활용하기 좋을 것이다.

코코넛 밀크 / 코코넛 크림

각기 다른 이 두 가지는 우유와 크림의 대체재로 사용할 수 있다. 주방에 구비해 두자!

말린 두유피 / 두부 껍질

건조나 냉동된 두유피는 유용한 재료다. 식물성 육류의 껍질을 만들고 식감을 증진시키는 역할을 한다.

비건 육수

마트에서 육수를 구매할 때는 육류 성분을 포함하지 않는 제품이 맞는지 성분표를 꼼꼼히 살펴야 한다. 공식적으로 비건 인증을 받은 채소 육수를 사용하거나 직접 채소를 끓여 채수를 만들어 사용해도 좋다.

* 이 책에서 저자가 사용하는 육수는 shanggie의 broth mix chicken/beef/pork flavor이다. 한국에서는 이러한 닭고기 향 비건 육수 제품을 찾기 어려울 수 있다. 온라인에서 구매를 원한다면 아마존 홈페이지를 확인하길 바란다.

MSG

MSG(Mono-Sodium Glutamate)는 글루탐산나트륨으로 구미를 당기는 맛을 만드는 원천이다. 이 책에서 MSG를 주로 사용하지는 않지만, 버섯 가루를 대체하여 모든 레시피에 사용할 수 있다. 단 MSG는 버섯 가루의 ¼ 양만 사용해야 한다는 점을 유념하자. 한 꼬집만 넣어도 음식의 풍미를 높일 수 있다.

블랙스트랩 당밀

블랙스트랩 당밀은 설탕 제조의 부산물로 사탕수수에서 설탕이 결정화된 후에 남은 액체다. 여기에는 다량의 철분을 포함한 미네랄이 가득 들어 있다. 블랙스트랩 당밀은 매우 좋은 천연 재료이므로 주방에 갖춰두는 것을 추천한다.

코코넛오일

훈제액

훈제액(liquid smoke)은 나무를 태워 나오는 연기를 농축하여 물에 녹인 것이다. 음식에 사용하면 진짜 훈제한 듯한 향을 더해준다. 또한 값이 저렴하고 조금만 사용해도 효과가 크다. 바비큐 그릴에서 막 꺼낸 맛을 내고 싶을 때 훈제액을 약간만 넣어보자.

코코넛, 식물성, 카놀라, 올리브오일

나는 요리할 때 코코넛오일을 가장 많이 사용한다. 발연점이 높고, 지방의 공급원이 되는 독특한 특징이 있기 때문이다. 이 책의 레시피를 따를 때는 정제된 코코넛오일을 사용하는 것을 추천한다. 비정제 코코넛오일을 사용하면 코코넛 특유의 향이 음식에 배이기 때문이다.

또한 카놀라와 올리브오일도 자주 사용하는데, 물론 맛이 순한 해조유(algae oil)를 사용해도 좋다. 이것은 해산물 요리에 기름진 느낌을 주고 싶을 때 훌륭한 역할을 한다.

주방 도구 및 필수품들

두부 프레스

나는 두부 프레스를 애용한다. 그중 두줄 나사로 된 것을 사용하는데 두부 말고도 다른 재료에 다양하게 사용할 수 있기 때문이다. 이것은 2개의 플라스틱 도마처럼 생겼으며 양 측면이 열려 있어 크기가 큰 재료도 넣어서 누를 수 있다.

냄비, 프라이팬, 무쇠팬

이 책에 나온 레시피를 따라 하려면 냄비와 프라이팬, 무쇠팬 등이 필요하다.

스페튤라

스페튤라는 부드러운 실리콘으로 된 주걱이다. 주방에 구비해 두면 활용하기 좋다.

주방 저울

주방 저울은 가장 필수적인 도구다. 어떤 종류의 음식이든 요리를 할 때 저울을 이용하는 것이 중요하다. 음식은 무게로 재는 것이 훨씬 쉽고 정확하다. 이 책의 모든 레시피는 저울을 이용해 만들었으며, 계량컵과 계량 스푼을 사용한 미국식 표준 측량법을 따른다.

식품 건조기

식물성 육류 요리를 만들 때 건조기가 필요한 경우가 많다. 식품 건조기를 이용하면 오븐보다 빨리 음식을 건조시킬 수 있고, 에너지는 훨씬 절약할 수 있다.

치즈 면포

치즈 면포는 내가 항상 구비해 두는 필수품이다. 너트 밀크백이나 체 대신에 사용할 수 있고, 고형물의 물기를 제거하고자 할 때는 두부 프레스 대신 사용할 수도 있다. 조리를 하는 동안 비건 미트를 치즈 면포로 싸두면 수분이 날아가 식감이 더욱 단단해진다.

너트 밀크백 / 천 커피 필터

너트 밀크백은 시중에서 찾아보기 힘들지만 커피나 견과류 우유를 만들 때, 두부나 다른 비건 미트를 짜고 걸러내고자 할 때 등 수많은 용도로 사용한다. 천 커피 필터 중에 특히 애용하는 건 태국 차 필터로 금속이나 나무로 된 길쭉한 손잡이가 달려 있다.

고성능 블렌더

주방에서 가장 많이 사용하는 도구를 꼽으라면 블렌더를 들 수 있다. 일반 블렌더를 사용하고 있다면 고성능의 블렌더로 바꾸는 것을 강력 추천한다. 고성능 블렌더는 혼합물을 더 곱게 갈아주고, 일반 블렌더보다 더 걸쭉하고 밀도가 높은 혼합물을 만들어주기 때문이다. 참고로 나는 블렌텍(Blendtec)의 블렌더를 사용한다.

고성능 블렌더

찜기

찜은 식물성 육류를 만들 때 필수적인 방법이다. 이는 슬로우 쿠킹의 한 형태로 습열을 사용한다. 또한 찜은 다량의 채소를 조리하거나 세이탄을 익히기에 좋은 방법이다. 찜기의 형태는 냄비나 팬 위에 올리는 거치형 대나무 찜기에서부터 찜기가 내장되어 있는 찜냄비에 이르기까지 매우 다양하다. 어느 것 할 것 없이 모두 성능이 괜찮으므로 기호에 맞게 구매하면 된다.

기본 재료 준비하기

이 책은 요리책이지만 '실험'이라는 단어를 많이 사용한다. 식물성 육류를 완벽하게 만드는 데 있어 새로운 것을 시도하고, 생각지 못한 것을 발견하는 과정이 중요하기 때문이다. 비건 베이컨을 만들다가 식감이 너무 단단하거나 너무 기름지다고 느껴서, 차라리 말려서 비건 육포로 먹는 게 좋겠다고 생각하는 것처럼 말이다.

기존에 있는 훌륭한 레시피와 비건 셰프들이 새롭게 창조하는 레시피는 자신만의 레시피를 만드는 발판이 된다. 이 책도 그러한 역할을 했으면 좋겠다. 이 책의 레시피를 발판 삼아 맛이나 식감 등을 바꿔가면서 자신만의 레시피를 창조하기 바란다!

요리할 때 항상 가장 먼저 고려하는 부분은 식감이다. 그리고 이 부분이 가장 어렵다. 이럴 때는 영양 성분표를 확인하는 게 중요한데, 단백질이나 지방, 섬유소 등이 얼마나 들어갔는지를 알아야 하기 때문이다. 비율을 확인하면 다른 식물성 육류 레시피를 구상할 때도 사용할 수 있다. 예를 들어 육류와 지방 혼합물의 비율이 80:20인 채식 버거를 만들 때 무게를 기준으로 20%의 지방을 넣어야 한다는 것을 알 수 있다.

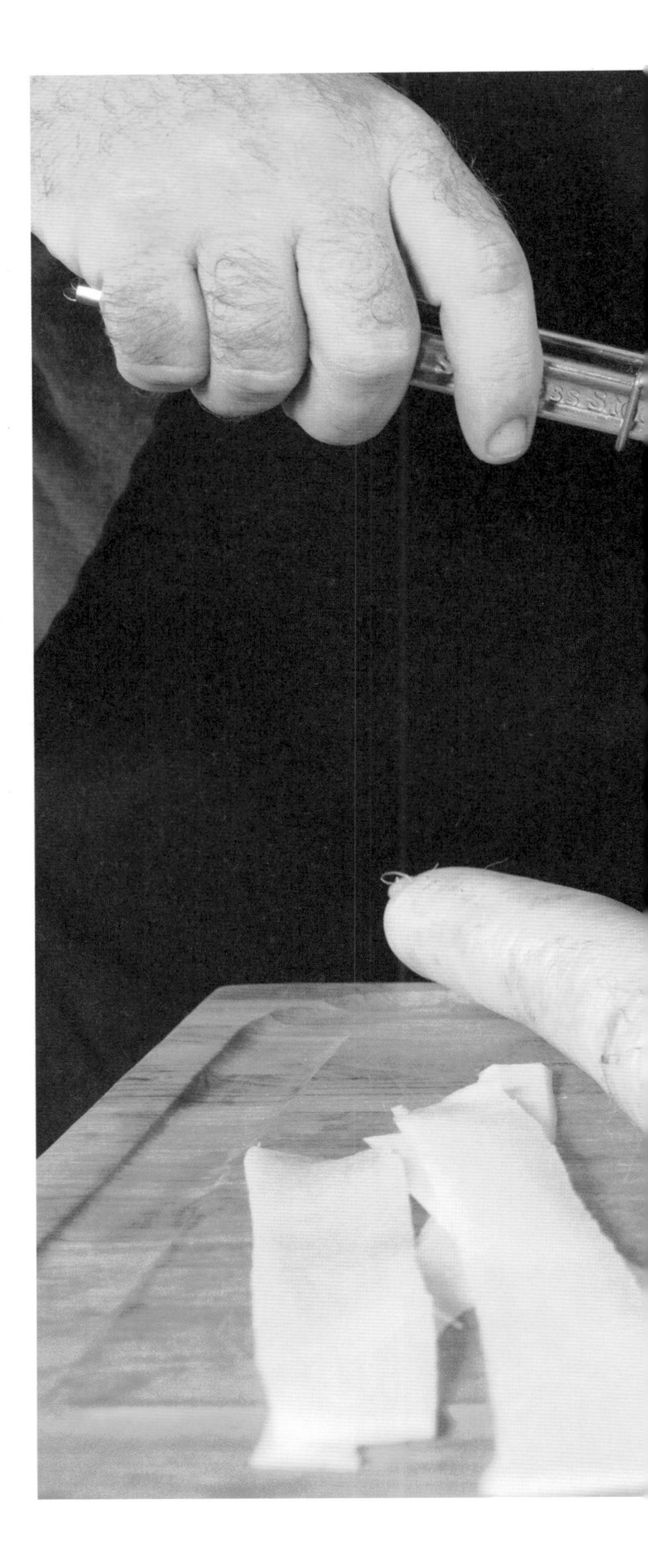

무 베이컨·119쪽

비건 육류 지방 만들기

식물성 육류 레시피에서 지방(마블링)은 특히 중요하다. 육류의 질감, 지글거리는 소리, 입안에서 느껴지는 식감 등을 재현하기 때문이다. 육류 지방은 소고기, 돼지고기 또는 닭고기 레시피에 맛을 내는 기능을 한다. 나는 항상 지방을 미리 만들어두고 냉동 보관해 준비한 뒤, 식물성 육류 요리를 만들 때 얇게 잘라서 넣는다.

이 레시피로 만든 지방을 냉동 가능한 보관 용기 4개에 450g씩 나누어 담자. 이것은 1인분의 식물성 육류 요리를 만드는 데 충분한 양이 된다.

나는 이렇게 만든 지방에 카파 카라기난과 한천을 섞어 더 단단한 스테이크용 육류 지방을 만들기도 했다. '비욘드 미트'의 채식 버거는 육류 지방 믹스에 코코아 버터를 사용하는데, 이 레시피를 참고해도 좋다. 기호에 맞게 맛을 추가하거나 소금을 넣어도 되며, 여러 가지 다른 시도를 해보기 바란다.

지금 만드는 지방은 1.8kg의 식물성 육류를 조리하는 데 충분한 양이다. 동물성 지방을 흉내 낸 이 모조 지방은 지방을 필요로 하는 모든 레시피에 활용할 수 있다. 세이탄이나 TVP, 혹은 채소나 버섯을 층층이 쌓아 만든 요리 등에서 지방층의 형태를 만든다.

재료

물 ¾컵

메틸셀룰로스 1작은술

잔탄검 ½작은술

정제된 코코넛오일 1½컵

만드는 법

1 블렌더에 물을 넣고 뚜껑을 닫지 않는 채 저속으로 돌린다.
2 메틸셀룰로스와 잔탄검을 넣고 겔 상태가 될 때까지 돌린다.
3 블렌더를 저속으로 돌리면서 천천히 코코넛오일을 한 방울씩 흘려 넣는다.
4 코코넛오일이 잘 혼합되면 한 방울씩 흘려 넣는 것에서 졸졸 흘려 넣는 방식으로 전환한다. 준비한 코코넛오일을 다 흘려 넣는다.
5 마요네즈 같은 농도가 나올 때까지 혼합한다.
6 보관 용기 4개에 450g씩 나누어 담고 단단하게 굳을 때까지 냉동한다.

● 각각의 덩어리는 다짐육 450g에 해당하는 지방의 양이다.

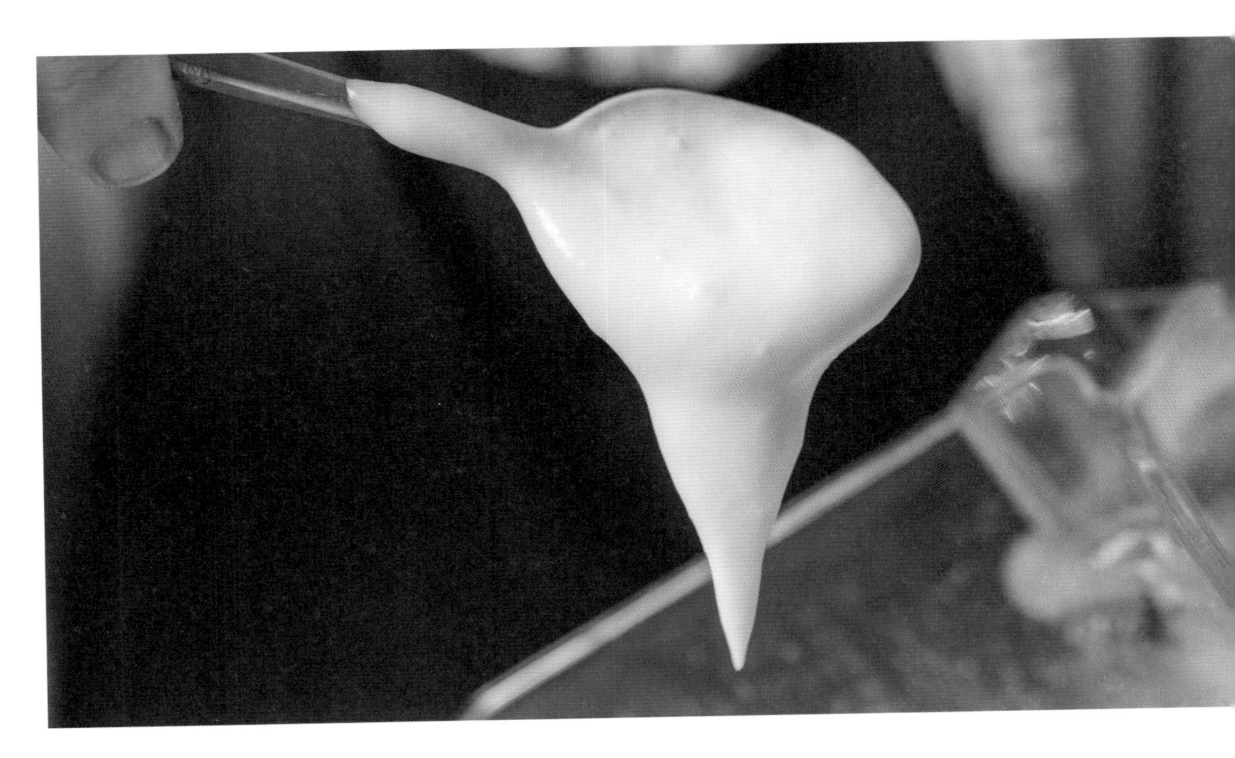

감칠맛을 더하는 버섯 가루 만들기

나는 요리할 때 버섯 가루를 주로 쓰는데, 이 버섯 가루(조미료) 레시피는 직접 개발했다. 이것을 음식에 소량만 넣어도 구미를 확 살리는 맛을 낼 수 있다.

물론 버섯 조미료는 마트나 온라인에서 쉽게 구매할 수도 있지만, 직접 만들어 사용하고 싶다면 이 레시피를 이용해 보자!

만든 후 인스타그램에 #saucestache를 태그해 여러분의 생각을 알려주길 바란다.

재료

생표고버섯 900g

말린 표고버섯 900g

소금 3큰술

여과된 물 또는 수돗물 약 20컵

만드는 법

1 솔로 생표고버섯을 깨끗이 닦고 손상된 줄기는 모두 제거한다.

2 커다란 무쇠 냄비 또는 곰솥에 버섯을 넣는다. 여과된 물을 부은 다음 소금 1큰술 반을 넣는다. 뚜껑을 덮고 끓인다. 보글보글 끓어 오르면 뭉근하게 끓을 정도의 중불로 낮춘다. 이 상태로 2시간 동안 끓이면서 틈틈히 물이 더 필요하지 않은지 확인한다.

3 **2**에서 버섯 우린 물만 옮겨 담고, 다시 버섯이 잠길 정도로 물을 붓고 남은 소금을 모두 넣는다. **2**의 과정을 반복한다.

4 2시간이 지나면 버섯을 꺼내서 마른 면직물이나 치즈 면포 위에 올린 후 물기를 최대한 짜낸다. 이때 나오는 물을 모아 **3**에서 옮겨 담았던 버섯 우린 물과 합친다.

5 합친 물의 양이 ¾로 줄어들 때까지 중불로 졸인다.

6 말린 표고버섯을 블렌더에 넣고 고운 가루가 될 때까지 분쇄한다.

7 **5**와 합쳐서 잘 섞는다.

8 유산지를 깐 베이킹 시트 위에 **7**을 얇게 편다.

9 오븐을 가장 낮은 온도로 설정하고 **8**을 넣은 후 건조시킨다. 사는 지역이나 계절, 오븐의 온도에 따라 이 과정은 6~8시간이 걸린다. 수분이 하나도 없는 매우 건조한 상태로 만들어야 한다.

10 완전히 건조되면 블렌더에 넣고 고운 가루가 될 때까지 분쇄한다.

tip. 이제부터는 자신의 기호에 맞게 만들 수 있다. 나는 짭짤한 맛을 좋아하기 때문에 강렬한 맛이 날 때까지 소금을 추가했다.

두유피 만들기

두유피는 포두부, 유바, 두부 껍질, 탕엽 등의 이름으로 알려져 있다. 대부분 마트에서 말린 두유피나 생두유피를 구할 수 있고 말린 것은 온라인으로도 쉽게 구매할 수 있다. 여차하면 만들어도 된다. 만드는 것도 꽤 간단한데 재료는 한 가지, 즉 두유만 필요하다. 처음부터 제대로 만들고 싶다면 대두가 필요하다. 두유피는 얇고 끈적거리며 서로 잘 엉겨붙는다. 하지만 일단 만들고 나면 모조 육류 껍질로서 훌륭한 역할을 한다. 이 방법을 따라 대두를 이용해 두유부터 두유피까지 직접 만들어보고 다양하게 활용해 보자.

재료

두유 2리터 또는 약 12~14시간 동안 물에 불린 대두 1컵

tip. 대두를 따뜻한 물에 불리면 시간을 조금 단축할 수 있다.

물 3컵

만드는 법

1 직접 대두를 이용해 두유를 만들고 싶다면, 물에 불린 대두 1컵과 물 3컵을 블렌더에 넣고 크림처럼 될 때까지 갈아준다.

2 2를 체에 부은 후, 너트 밀크백 또는 천 커피 필터(태국 차 필터)를 사용해 알맹이를 거르고 액체만 따로 모은다.

3 이렇게 하면 두유가 만들어진다.

4 두유피를 만들기 위해서는 프라이팬이 꽉 차도록 두유를 붓고 약 또는 중약불로 가열한다. 이때 불이 너무 세면 탈 수 있다.

5 김이 나고 보글보글 끓기 시작하면 표면에 얇은 막이 생긴다. 막이 형성되는 것이 보이면 바로 불을 조금 올린다.

6 프라이팬에서 막을 걷어내기 위해 팬의 가장자리를 따라 스페튤라를 빠르게 둘러준 후, 젓가락이나 다른 도구를 사용해 팬 표면에서 막을 들어 올린다.

tip. 들어 올린 두유피는 커다란 그릇의 가장자리에 빙 둘러 놓거나, 깨끗한 작업대 옆에 걸어둔다. 두유 방울이 떨어져 살짝 건조될 수 있도록 한다. 또는 곧바로 만들어 놓은 육류를 감싸 껍질을 만들 수도 있다.

Vegan Meat
소고기

식물성 재료를 이용해 버거 패티나 스테이크, 델리미트, 다짐육을 만드는 다양한 방식이 있다. 주로 글루텐이나 식물성 단백질, 식물성 조직 단백(TVP), 채소 등을 사용한다. 이 장에 나오는 레시피들은 식물성 재료로 소고기를 만들기 위해 직접 연구하고 개발한 것이다. 대부분의 레시피는 각자의 기호에 맞게 수정할 수 있다. 효모나 첨가제 등을 더 넣어 풍미를 강하게 더할 수 있고, 단백질을 다른 것으로 교체해볼 수도 있다. 지금도 더 훌륭한 식물성 소고기를 만들기 위해 끊임없이 연구하고 있다. 여러분도 재료를 바꿔보고 새로 조합하면서 자신만의 레시피를 창조해 보기 바란다.

자연 채식 버거·36쪽

자연 채식 버거

이 레시피는 플랜타(Planta)의 데이비드 셰프가 만든 버거에서 영감을 받아 만든 것이다. 이 채식 버거는 콩과 귀리 그리고 약간의 양념 등을 섞어 만들었으며, 순수 식물성 재료들만 사용했다. 또한 간단한 재료를 이용해 많은 준비 없이 쉽고 빠르게 만들 수 있다.

매운 마요네즈 소스 만들기

이 버거에 들어갈 패티는 얇게 만드는 것이 좋다. 여기에 비건 슬라이스치즈와 좋아하는 토핑을 알맞게 올려 먹으면 된다! 아래는 내가 추천하는 매운 마요네즈 소스를 만드는 방법이다.

- 비건 마요네즈 2큰술
- 타바스코 치폴레 소스 1작은술
- 훈제 파프리카 가루 ½작은술
- 곱게 다진 양파 1작은술

● 모든 재료를 그릇에 넣고 섞는다.

재료

포토벨로버섯 큰 것(또는 다른 버섯) 3개

양파 ½개

블랙빈 통조림(물을 빼고 헹군 것) 1캔

병아리콩 통조림 3큰술

병아리콩 통조림 국물(아쿠아파바) 3큰술

비트 통조림 국물 1큰술

비트 다진 것 1~2큰술

마늘 가루 ½작은술

훈제액 1작은술

블랙스트랩 당밀 1작은술

간장 1큰술

렌틸콩 통조림(물에 씻고 헹군 것) 3큰술

버섯 가루 ½작은술

오트밀 ¾컵

영양 효모 1½큰술

타피오카 전분 2큰술

올리브오일 1큰술

만드는 법

1 버섯과 양파를 잘게 썬다.

2 중불로 달군 프라이팬에 기름을 두르고, **1**의 재료를 볶는다.

3 푸드 프로세서나 블렌더에 블랙빈, 병아리콩 통조림, 아쿠아파바, 비트 국물, 비트 다진 것을 넣고 갈아준다.

tip. 이때 너무 과하게 갈지 않도록 주의한다. 약간 거친 식감이 느껴지도록 만드는 것이 좋다.

4 **3**에 마늘 가루, 훈제액, 당밀, 간장을 넣고 잘 섞일 때까지 블렌더를 돌린다. 그 후 렌틸콩도 추가해 짧게 갈아준다. 감칠맛을 더하고 싶다면 이때 버섯 가루도 넣어준다.

5 **4**를 중간 크기의 그릇으로 옮겨 담는다. 여기에 오트밀, 영양 효모, 타피오카 전분을 넣고 손으로 골고루 섞으며 반죽한다.

6 프라이팬을 중약불에 올리고 조리용 기름을 살짝 두른 후 가열한다.

7 **5**에서 만든 반죽으로 패티를 만든다. 패스트푸드점에서 파는 버거 패티의 두께와 비슷하게 만들면 된다.

tip. 손에 찬물을 묻히면 패티의 모양을 쉽게 잡을 수 있다!

8 만든 패티에 소금과 후추로 간을 한다.

9 가열한 프라이팬에 올리브오일을 두르고 패티를 넣는다. 앞면과 뒷면을 3~4분씩 굽는다. 한 면은 한 번씩만 굽도록 한다.

이 재료들은 다음과 같이 대체할 수 있다.

포토벨로버섯 → 종류에 상관없이 버섯 225g(좀 더 고기 같은 맛을 원할 경우 표고버섯을 추천한다.)

영양 효모 1½큰술 → 마마이트 1큰술

타피오카 전분 → 감자 전분

간장 1큰술 → 리퀴드 아미노스(liquid aminos) 1큰술

식물성 단백질로 만든 수제 버거

나는 비건 칠리를 만들면서 처음으로 식물성 조직 단백(TVP)을 사용했다. 그 후 TVP로 만든 버거가 시장에 나오자, 나는 그중 하나를 흉내 내 만들기 시작했다. 이것이 그 레시피다.

이 레시피는 식물성 소고기 다짐육을 만들기 위한 가장 기본적인 방법이다. 또한 다짐육으로 만드는 모든 요리에서 재료만 바꿔서 사용할 수 있다. 이 레시피에 사용된 계량을 기준으로 TVP, 단백질, 메틸셀룰로스, 지방, 네 가지 재료를 지키며 다른 재료의 양에 변화를 주면 결과물이 완전히 바뀔 수 있다. 짭조름하게 만들어보고, 약간 단맛이 나게도 만들고, 훈제향이 나게 만들어보면서 돼지고기 다짐육 베이스도 얻을 수 있다. 또한 물 대신 닭고기 향 비건 육수를 넣으면 간단하게 닭고기 다짐육도 만들 수 있다. 가능성은 무한하므로 이런저런 실험을 해보길 바란다.

어울리는 토핑 만들기

나는 이 버거에 토핑을 가득 올리는 것을 좋아한다! 비건 치즈, 상추, 토마토, 양파, 튀긴 마늘, 그리고 약간의 비건 마요네즈를 넣어 만든다. 이 정도로도 만족하지 못한다면 아래 방법을 따라 토핑을 만들어보자.

- 양송이버섯 3개
- 마마이트 1작은술
  (마마이트는 꼭 정량을 넣어야 한다. 많이 넣으면 심하게 짜다.)
- 비건 버터 1큰술

1 버섯을 잘게 썰어 마마이트와 섞는다.
2 중불로 가열한 프라이팬에 비건 버터를 녹인다.
3 1의 양념한 버섯을 넣고 완전히 익을 때까지 볶는다.

재료

TVP 1컵
감자 단백질 4큰술
메틸셀룰로스(고점성) 1큰술
버섯 가루 ½작은술
양파 가루 ½작은술
마늘 가루 ½작은술
비트 가루 1작은술
영양 효모 3큰술
물 1컵
훈제액 ½작은술
블랙스트랩 당밀 ½작은술
간장 1작은술
화이트식초 ½작은술
비건 육류 지방(28쪽 비건 육류 지방 만들기 참고) 1회분

만드는 법

1 TVP, 감자 단백질, 메틸셀룰로스, 버섯 가루, 양파 가루, 마늘 가루, 비트 가루를 큰 믹싱볼에 넣고 골고루 섞는다.
2 물 1컵에 훈제액, 블랙스트랩 당밀, 간장, 식초를 순서대로 넣고 섞는다.
3 **2**를 **1**에 넣고 잘 섞어준다.
4 **3**을 덮개로 덮어놓고 최소 30분간 상온에 둔다. 이 과정을 거쳐야 TVP와 메틸셀룰로스가 잘 결합된다.
5 얼려둔 육류 지방을 큰 강판을 사용해 잘게 찢어 **4**에 넣고 손으로 섞어 반죽을 만든다.
6 **5**의 반죽으로 버거 패티를 만든다. 패티는 두껍거나 얇게 만들 수 있다.
7 프라이팬에 기름을 살짝 두르고 중불로 가열한 뒤 패티를 한 면당 4~6분씩 익힌다. 이때 딱 한 번만 뒤집는다!

이 재료들은 다음과 같이 대체할 수 있다.

감자 단백질 4큰술 → 완두콩 단백질
(혹은 좋아하는 다른 가루 타입의 단백질 가루로)
버섯 가루 ½작은술 → MSG ¼작은술
비트 가루 ½작은술과 물 1컵 → 비트즙 1컵
영양 효모 3큰술 → 마마이트 2큰술
간장 1작은술 → 리퀴드 아미노스 1작은술

식물성 단백질로 만든 수제 버거·38쪽

버섯 버거

나는 버섯의 놀라운 풍미와 식감을 정말 좋아한다. 버섯은 식물성 육류를 만들 때 그 어떤 것으로도 대체할 수 없다. 일반적으로 버섯은 식물성 육류 레시피에서 통째로 사용한다. 하지만 버섯을 갈거나 대충 썰어 독특한 질감의 버섯 버거를 만들 수 있다.

이제 환상적인 버섯 버거를 만들기 위한 레시피를 소개한다. 이 버거를 완성한 후 좋아하는 비건 치즈 한 장을 올려보자. 더욱 맛있게 즐길 수 있다!

재료

올리브오일 1큰술

잘게 썬 포토벨로버섯 2개분

잘게 썬 중간 크기의 양파 ¼개분

블랙스트랩 당밀 1작은술

훈제액 1작은술

소금 약간

후추 약간

간장 1작은술

마늘 가루 1작은술

오트밀 ½컵

달걀 대체재 ⅓컵

tip. 달걀 대체재를 찾는다면 이 책의 23쪽을 참고하자. 98쪽을 보면 직접 만들어 사용할 수 있다.

활성 밀 글루텐 ¼컵

만드는 법

1 프라이팬에 올리브오일을 두르고 중불에 양파를 데운다. 소금을 한 꼬집 넣고 프라이팬을 흔들어 양파가 투명해질 때까지 볶는다.

2 활성 밀 글루텐을 제외한 모든 재료와 **1**의 볶은 양파를 큰 믹싱볼에 넣고 섞는다.

3 **2**에 활성 밀 글루텐을 넣고 손으로 치대 덩어리를 만든다. 이때 많이 치대면 치댈수록 질감이 더 조밀해진다.

4 **3**에서 만든 덩어리를 상온에 15분간 둔다. 시간이 지나면 손으로 반죽하여 얇은 패티 모양을 만든다.

5 소금과 후추를 패티 양면에 뿌려 간을 한다.

6 그릴이나 프라이팬에 패티를 넣고 각 면을 중불에서 4~5분간 익힌다.

이 재료들은 다음과 같이 대체할 수 있다.

포토벨로버섯 2개 → 170g의 표고버섯 또는 다른 버섯

간장 1작은술 → 리퀴드 아미노스 1작은술

tip. 마마이트 1큰술을 추가하면 더욱 고기 패티 같아진다.

비건 스테이크

세이탄으로 마블링 만들기

나는 시중에 판매되는 식물성 육류 브랜드들의 상품을 맛보면서 더 완벽한 스테이크 대체재를 만들고 싶었다. 그리고 이 스테이크가 제법 성공적인 대체재에 가깝다는 생각이 든다. 마블링까지 구현해 더욱 스테이크 같은 느낌을 주기 때문이다. 마블링은 취향에 따라 더할 수도 있고 뺄 수도 있다. 이 비건 스테이크는 프라이팬에 구워도 되고, 불맛을 원하면 그릴에 구울 수도 있다.

함께 먹으면 좋은 퀵 마늘 매시트포테이토 레시피

- 감자 3개
- 식물성 우유 1컵

  tip. 나는 완두콩 단백질 우유를 선호한다.
- 으깬 마늘 6쪽분
- 영양 효모 2큰술
- 비건 버터 2큰술
- 소금 약간
- 후추 약간

1 감자는 껍질을 벗기고 깍둑썰기를 한 후 소금물을 채운 큰 냄비에 넣고 삶는다.

2 감자가 부드럽게 삶아져 포크로 누를 수 있을 때까지 익힌다.

3 삶은 감자를 믹싱볼에 옮긴다.

4 3에 식물성 우유와 으깬 마늘, 영양 효모, 비건 버터를 넣은 후 포테이토 매셔로 으깬다.

5 소금, 후추를 넣어 간을 한다.

이 재료들은 다음과 같이 대체할 수 있다.

병아리콩 가루 ¼컵 → 병아리콩 통조림 ¼컵

마마이트 2큰술 → 영양 효모 2½큰술

버섯 가루 1큰술 → MSG 1작은술

카파 카라기난 ½큰술 → 한천 1큰술

간장 2큰술 → 리퀴드 아미노스 2큰술

비트 가루 1작은술과 물 1컵 → 비트즙 1컵

재료

미트

활성 밀 글루텐 2컵
병아리콩 가루 ¼컵
올리브오일 2큰술
마마이트 2큰술
간장 2큰술
버섯 가루 1큰술
식초 1큰술
훈제액 1작은술
블랙스트랩 당밀 1큰술
물 ½컵

지방

물 ¾컵
메틸셀룰로스 1작은술
코코넛오일 1컵
카파 카라기난 ½큰술

육수

비트 가루 1작은술
코코아 가루 1작은술
물 1컵
소금 한 꼬집

만드는 법

미트

1 고성능 블렌더나 푸드 프로세서에 모든 미트 재료를 넣고 잘 섞일 때까지 갈아준다. 소고기 다짐육 같은 질감이 나와야 한다.

2 **1**을 깨끗한 작업대 위에 붓고 손으로 치댄다. 반죽을 단단히 뭉쳐서 통에 넣고 덮개로 덮어 놓는다.

지방

1 블렌더에 물을 넣고 가장 저속으로 돌린다.

2 메틸셀룰로스를 천천히 넣는다.

3 블렌더가 저속으로 돌아가는 동안 코코넛오일을 흘려 넣기 시작한다. 점차 양을 늘려가며 천천히 넣는다.
tip. 오일을 너무 빨리 부으면 잘 섞이지 않는다.

4 카파 카라기난을 넣는다. 모두 잘 섞이도록 블렌더를 1~2분간 더 돌린 후 멈춘다. 이 과정을 거치면 마요네즈 같은 질감이 되어 있을 것이다.

반죽

1 유산지를 크게 자르고, 만든 **지방**을 중앙에 올려 넓게 편다.

2 **미트**에서 만들어 놓은 반죽을 국수 같은 얇은 조각으로 자른다.

3 이 조각들을 지방 덩어리 위에 올리고, 서로 빽빽하게 붙여 놓는다. 자신의 손 크기 정도가 될 때까지 조각들을 계속해서 켜켜이 놓는다.

4 조각층 위에 또 한 덩이의 지방을 올리고, 재료를 다 사용할 때까지 이러한 층 쌓기를 계속한다. 마지막 층은 꼭 고기 전체를 덮는 지방층으로 끝나야 한다.

5 **4**를 단단히 감싼 후 호일이나 랩으로 둘러싼다.

6 큰 냄비에 물을 넣고 끓인 다음, **5**를 넣는다. 약 45분 동안 끓인다.

7 덩어리를 꺼내 카파 카라기난이 단단하게 굳을 수 있도록 냉동실에 넣고 1시간 정도 잠시 둔다.

육수

1 믹싱볼에 모든 육수 재료를 섞어준다. **반죽**을 냉동실에서 꺼내 랩을 벗기고 큰 스테이크 2개 또는 작은 스테이크 4개 양으로 손질한다.

tip. 스테이크는 결이 세로 방향이 되도록 잘라야 한다.

2 스테이크 반죽을 육수에 넣고 6시간 동안 냉장고에 넣어둔다.

tip. 약 12~14시간 정도 넣어두는 것이 가장 좋다.

3 그릴이나 뜨겁게 달군 무쇠팬에 기름을 조금 두르고 스테이크 반죽을 굽는다.

비건 스테이크 – 세이탄으로 마블링 만들기 · 44쪽

쫄깃한 식감이 살아 있는 버섯 스테이크

이 스테이크는 내가 정말로 꿈꾸던 스테이크의 맛 그대로다. 나는 크루아상을 만드는 방식과 유사하게 이것을 만들었다. 버섯 사이에 지방과 결착제를 겹겹이 쌓아서 씹었을 때 좀 더 살아있는 식감이 나도록 했다. 버섯 스테이크는 책에 있는 다른 어떤 요리보다 독특하다. 모조 육류나 육류 대체재라기보다는 이 자체로 새로운 요리기 때문이다.

이 스테이크는 볶은 버섯, 양파, 마늘에 마마이트와 훈제액을 넣어 만들었다. 나는 여러분이 버섯 스테이크를 맛있게 즐겨주기 바란다.

재료

새송이버섯 또는 다른 버섯 900g

올리브오일 2큰술

영양 효모 2큰술

마마이트 1작은술

블랙스트랩 당밀 1작은술

간장 2큰술

쌀식초 1큰술

버섯 가루 1큰술

비트 가루 2작은술

식초 1큰술

훈제액 1작은술

소고기 향 비건 육수 1작은술

tip. 소고기 향 비건 육수를 찾는다면 이 책의 23쪽을 참고하자.

완두콩 단백질 2큰술

메틸셀룰로스 1큰술

카파 카라기난 1큰술

물 1½컵

만드는 법

1 준비한 버섯을 닦은 후 껍질을 벗기듯 버섯을 잡아당겨 가늘게 찢는다. 손질한 버섯 더미를 큰 믹싱볼에 넣고 한쪽에 둔다.

tip. 버섯을 손질할 때는 포크 2개로 버섯을 잡아당겨 가늘게 찢으면 된다.

2 블렌더에 물 ½컵을 넣고 저속으로 돌리면서 메틸셀룰로스와 카파 카라기난을 차례로 천천히 넣는다. 걸쭉한 크림 정도의 농도가 되면 소고기 향 비건 육수와 비트 가루를 넣는다.

3 **1**에 완두콩 단백질, 영양 효모, 쌀식초, 간장을 넣고 같이 섞는다.

4 물 1컵, 마마이트, 당밀, 훈제액을 섞어 국물을 만든다. 이 국물을 **3**과 함께 섞은 후 약 30분간 상온에 둔다.(휴지)

5 납작한 그릇에 유산지를 크게 잘라서 놓고, **2**를 2큰술 분량으로 바닥에 펴 바른다.

tip. 대략 20×13cm 크기(작은 식빵 크기 정도)의 직사각형 모양으로 펴 바른다.

6 **4**를 그 위에 쌓아 라자냐처럼 층을 만든다.

7 **4**와 **2**를 전부 다 사용할 때까지 순서대로 켜켜이 쌓는다.

8 덩어리를 유산지로 단단히 감싼 후 호일을 사용해 이중으로 감싼다.

9 오븐 팬이나 베이킹 시트에 올려 오븐 온도를 175℃로 맞춘다. 스테이크 내부 온도가 71℃가 될 때까지 약 1시간 동안 오븐에서 굽는다.

10 오븐에서 꺼내면 뜨거운 상태에서 압축을 해야 하므로 무거운 프라이팬으로 눌러놓는다.

11 온도가 식으면 냉장고에 12시간 동안 넣어둔다.

12 유산지를 벗기고 스테이크용으로 손질한 후 소금과 후추를 뿌려 간을 한다.

13 그릴이나 프라이팬에 올려 겉면을 강하게 익힌다.

tip. 굽기 전에 프라이팬에 올리브오일을 적당량 둘러주면 더욱 맛있는 색이 나온다.

쫄깃한 식감이 살아 있는 버섯 스테이크·50쪽

수박으로 만든 스테이크

뉴욕에 위치한 스테이크 식당 '덕스 이터리'(Ducks Eatery)에서 수박 스테이크를 처음 선보인 후, 육류 대체재로서 수박을 사용하는 것에 호기심이 생겼다. 처음 수박으로 수박햄(132쪽 참고)을 만들면서 더 다양하게 활용해 봐야겠다는 깨달음을 얻었다.수박은 특이한 육류 대체재면서도 이것저것 시도해 보기 좋은 재료기도 하다.

이 레시피는 한 번쯤 만들어봤으면 하는 비건 미트 레시피다. 여러분이 어떤 맛의 스테이크를 만들어낼지 궁금하다.

수박 스테이크에 좀 더 향을 내고 싶다면 마마이트나 영양 효모를 추가하거나 치미추리[Chimichurri. 각종 허브, 마늘, 식초, 올리브오일 등을 이용해 만든 초록색의 소스로 아르헨티나를 비롯한 남아메리카에서 많이 먹는다.] 소스를 만들어 곁들여 보자.

치미추리 소스 레시피

- 생파슬리 1컵
- 고수 ½컵
- 생오레가노 2큰술
- 올리브오일 ½컵
- 레드와인 식초 2큰술
- 소금 1작은술
- 레드 페퍼 플레이크 ½작은술
- 라임즙 2큰술
- 다진 마늘 4쪽분

● 모든 재료를 그릇에 넣고 섞는다.

재료

수박 5cm 두께로 자른 것 4조각
(자르는 방법은 아래 QR 코드 영상 참고)

간장 ¼컵

식초 ¼컵

훈제액 ½큰술

파프리카 가루 ¼작은술

올리브오일 1큰술

흑설탕 1큰술

소금 적당량

후추 약간

비건 버터 ¼컵

튀김옷

달걀 대체재 ¼컵 + 2큰술

tip. 달걀 대체재를 찾는다면 이 책의 23쪽을 참고하자. 98쪽을 보면 직접 만들어 사용할 수 있다.

밀가루 1컵

빵가루 1컵

소금 ½작은술

튀김용 식물성 기름

만드는 법

1. 오븐은 175℃로 예열한다.
2. 자른 수박 조각을 키친타월로 두드려서 물기를 닦아낸 후 소금을 가볍게 뿌린다. 나머지 재료들을 준비하는 동안 키친타월 위에 올려둔다.
3. 간장, 식초, 훈제액, 파프리카 가루, 올리브오일, 흑설탕을 잘 섞는다.
4. 수박 양면에 **3**을 골고루 묻힌 후 베이킹 시트 위에 올린다. 남은 양념을 수박 위에 붓는다.
5. 각 수박 위에 비건 버터를 ½큰술씩 올리고, 오븐에 1시간 45분 동안 굽는다.
6. 굽고 나면 충분히 식힌 후, 밀가루에 살짝 담갔다가 달걀 대체재, 빵가루 순서로 튀김옷을 입힌다.
7. 큰 냄비에 기름을 약 4cm까지 올라오도록 붓고 기름 온도를 175℃로 예열한다.
8. 수박 조각들을 조금씩 나누어 튀긴다. 이때 황금빛 갈색이 돌 때까지 계속 뒤집는다.
9. 식힘망이나 키친타월 위에 올려 기름기를 제거한다.

● 영상에는 수박 스테이크를 활용한 샌드위치 레시피도 있으니 참고하길 바란다.

노루궁뎅이로 만든 스테이크

마지막으로 소개할 스테이크 레시피는 노루궁뎅이로 만든 스테이크다. 이것은 쉽고 빠르게 만들 수 있으며 식감도 매우 훌륭하다.

여기에 나온 방법대로 만들어도 되지만 버섯을 얇게 슬라이스한 후 레시피와 기법을 바꾸어 만들면 아주 독특한 햄이 탄생한다. 또한 이 레시피를 활용해 폭찹 스타일의 요리를 만들 수도 있다. 이렇게 다양하게 실험하면서 맛과 재미를 추구해 보자!

나는 이 스테이크에 양배추 볶음을 곁들여 먹는 것을 좋아한다. 다음은 나만의 양배추 볶음 레시피다.

곁들여 먹으면 더욱 맛있는 양배추 볶음 레시피

- 미니 양배추 450g
- 올리브오일 1큰술
- 소금 약간
- 후추 약간
- 곱게 다진 고수 한 꼬집
- 생레몬즙 약간

1 강불로 가열한 프라이팬에 올리브오일 1큰술을 두른 다음 미니 양배추를 볶는다.
2 양배추의 색이 짙어질 때까지 볶는다.
3 소금, 후추와 곱게 다진 고수를 한 꼬집 정도 넣어준다.
4 불을 끄고 생레몬즙을 살짝 뿌린다!

재료

말린 노루궁뎅이 3개
물 4컵
저염간장 ½컵
사과식초 ½컵
버섯 가루 1큰술
비트 가루 1큰술
올리브오일 2큰술
블랙스트랩 당밀 1작은술
소금 약간
후추 약간
마늘 가루 약간
비건 버터 1큰술

만드는 법

1 큰 냄비에 물, 저염간장, 사과식초, 버섯 가루, 비트 가루, 올리브오일, 블랙스트랩 당밀을 넣고 잘 섞는다.
2 1에 버섯을 넣고 약한 불에 30분간 끓인다.
3 중간에 버섯을 뒤집으면서 물의 높이를 확인하고 필요시 물을 추가한다.
4 30분이 지나면 버섯을 건져내고, 여분의 수분을 제거한다.
tip. 도마나 두부 프레스, 프라이팬을 사용해 누르면서 수분을 제거한다. 스테이크 형태가 잡힐 때까지 눌러서 수분을 빼준다.
5 중강불로 가열한 프라이팬에 기름을 둘러준다.
6 버섯 스테이크 양면에 소금, 후추, 마늘 가루를 뿌린다.
7 6을 프라이팬에 올리고 비건 버터를 1큰술 올려준다.
8 버터가 완전히 녹으면 뒤집는다. 스페튤라로 편평하게 눌러주며 충분히 익힌다.

노루궁뎅이로 만든 스테이크·56쪽

물에 씻은 밀가루로 만든 미트

세이탄(seitan)은 활용도가 매우 좋은 육류 대체재다. 나는 세이탄 페이스북 그룹(facebook.com/groups/Making Seitan)에 합류한 후, 이 레시피를 만들 영감을 얻었다. 이것은 같은 그룹 멤버인 옹클 후(Oncle Hu)가 만든 레시피를 내가 직접 수정한 것이다. 책에서 꼭 해봐야 할 하나의 음식을 고르라면, 이것을 추천할 것이다.

사워도우 두 조각에 이 미트와 비건 스위스 치즈, 사우어크라우트를 듬뿍 넣어 샌드위치를 만들어 먹으면 최고다. 여기에 추가해 먹으면 좋은 비건 사우전드 아일랜드 드레싱도 뚝딱 만들어보자!

비건 사우전드 아일랜드 드레싱 레시피

- 비건 마요네즈 ½컵
- 케첩 2큰술
- 다진 피클 1큰술
- 일반 식초 또는 사과식초 2작은술
- 다진 적양파 2큰술
- 설탕 한 꼬집
- 소금 한 꼬집

● 모든 재료를 그릇에 넣고 섞는다.

재료

강력분 4 ½컵
비트 가루 1큰술
물 1 ¾컵
후추 ½작은술
코리앤더 가루 ½작은술
파프리카 가루 ½작은술
마늘 가루 1작은술
양파 가루 ½작은술
겨자 가루 ½작은술
버섯 가루 1작은술
올리브오일
레드와인 ½컵
간장 ¼컵

만드는 법

1 강력분, 물, 비트 가루를 믹서에 넣고 돌린다. 반죽이 분홍빛이 도는 붉은색이 되게끔 비트 가루를 알맞게 추가한다. 색이 나오면 반죽을 꺼내 단단하고 탱탱해질 때까지 치댄다.

2 믹싱볼에 반죽을 넣고, 반죽이 잠길 정도로 찬물을 붓는다. 최소 1시간 동안 가만히 둔다.

3 물을 버리고 다시 같은 양의 물을 믹싱볼에 넣어 반죽을 치댄다. 물이 비트 가루 때문에 걸쭉한 분홍색으로 변하고, 전분이 나와 묽은 우유 같은 느낌이 날 때까지 치대야 한다.

4 물을 버리고 똑같은 방법으로 한 번 더 씻어준다.
tip. 약간의 전분은 남겨도 된다.

5 어느 정도 전분을 다 씻어내면 반죽을 꺼낸다. 후추, 파프리카 가루, 마늘 가루, 양파 가루, 겨자 가루, 버섯 가루를 넣어 양념한다.

6 양념이 잘 섞이도록 반죽을 치댄 후, 믹싱볼에 담아 덮개를 덮고 1시간 동안 잠시 둔다.

7 프라이팬에 올리브오일을 상당량 넣고 중불로 가열한다. 반죽을 넣고 뒤집어가면서 양면이 짙은 갈색이 될 때까지 굽는다.

8 원하는 색이 나오면 불을 끄고 기름이 반죽 속으로 흡수되도록 잠시 둔다.

9 프라이팬이 식으면 다시 불을 올려 와인과 간장을 넣는다. 뒤집어가며 40분 동안 뭉근히 끓인다.

10 반죽을 랩으로 싸서 약 12시간 냉장고에 넣어둔다.

11 반죽을 얇게 잘라 각각의 조각을 다시 굽는다.
tip. 나는 올리브오일, 레드와인, 간장을 추가해서 굽는 것을 좋아한다. 이렇게 하면 풍미가 더 살아난다.

● 영상에는 미트를 활용한 파스트라미 샌드위치 레시피도 있으니 참고하길 바란다.

물에 씻은 밀가루로 만든 미트·60쪽

수박무로 만든 로스트 비프

이것은 셰프 윌 호로위츠(Will Horowitz)에게서 영감을 받은 레시피다. 윌은 수박무를 가지고 새로운 경지의 프로슈토를 만들어냈다. 나 또한 수박무로 이것저것 만들어보다가 로스트 비프 같은 맛과 식감을 내는 방법을 알아냈다. 윌의 프로슈토 레시피대로 훈연을 하기도 했고, 그릴에 올려 양념을 끼얹어가며 익혀보기도 했다. 수박무 요리법의 가능성은 무궁무진하다. 캐러멜화 하기 위해 설탕을 넣어보거나 진짜 육류의 철분 맛을 살리기 위해 블랙스트랩 당밀을 살짝 추가하는 것도 좋다.

tip. 나는 종종 수박무로 만든 로스트 비프로 샌드위치를 만들어 먹는다. 50:50 비율의 케첩과 바비큐 소스에 호스래디시와 핫 소스를 한 방울씩 넣어주면 샌드위치와 어울리는 소스가 완성된다!

재료

씻은 수박무 2개

물 3큰술

달걀 대체재 1개분

tip. 달걀 대체재를 찾는다면 이 책의 23쪽을 참고하자. 98쪽을 보면 직접 만들어 사용할 수 있다.

후추 1작은술

마늘 가루 ½작은술

훈제액 ½작은술

코셔소금 900g

[요오드와 같은 첨가물이 들어 있지 않으며, 입자가 다소 굵은 소금. 국내에서는 구하기 다소 어려울 수 있어 입자가 조금 굵은 천일염으로 대체하되, 천일염의 염도가 더 높으므로 맛을 보며 소금의 양을 조절해 사용하도록 한다.]

염지액

물 1½컵

간장 ¼컵

쌀식초 ¼컵

올리브오일 ¼컵

훈제액 ½작은술

훈제 파프리카 가루 ½작은술

마늘 가루 ½작은술

양파 가루 ½작은술

후추 ½작은술

마마이트 또는 영양 효모 1작은술

파슬리 약간

소금 1작은술

만드는 법

1. 큰 믹싱볼에 달걀 대체재, 물 3큰술, 마늘 가루, 후추, 훈제액을 넣고 잘 섞은 후 수박무를 넣는다. 굴려가면서 양념을 완전히 묻혀준다.
2. 오븐을 220℃로 예열한다.
3. 작은 베이킹 그릇의 바닥을 코셔소금으로 채운다. 여기에 수박무를 넣고 코셔소금으로 완전히 덮어준다.
4. **3**을 예열한 오븐에 45분간 굽는다. 시간이 다 되면 오븐에서 꺼내 소금을 털어낸다.
5. 염지액을 만드는 동안 수박무를 반으로 잘라 식힌다.
6. 냄비에 염지액 재료를 모두 넣고 중불로 가열한다. 보글보글 끓기 시작하면 불을 끈다.
7. 슬라이서로 수박무를 얇게 슬라이스해 유리병에 넣는다. 여기에 염지액을 붓고 뚜껑을 덮어 12시간 동안 냉장고에 넣어둔다.
8. **7**의 수박무를 냉장고에서 꺼내 찜기에 넣고 30분간 찐다.
9. 완성된 수박무 로스트 비프는 그냥 먹거나 샌드위치에 넣어 먹으면 된다.

비건 미트로 만든 핫도그

처음 비건 핫도그를 만들 때 시중에 판매되는 식물성 육류 대체재를 사용했는데, 꽤 훌륭한 결과물이 나왔다. 다만 맛은 훌륭했지만 식감이나 색감이 완벽하지는 않았다. 그래서 나는 여러 조미료를 추가해 더욱 일반적인 핫도그 모양에 가까운 비건 핫도그 레시피를 개발했다.

여러분이 어떤 다양하고 굉장한 결과물을 내놓을지 궁금하다.다음은 내가 좋아하는 핫도그 칠리 소스 레시피다. 번을 굽고 핫도그를 넣어 그 위에 칠리 소스를 뿌려 먹으면 된다.

핫도그 칠리 소스 레시피

- TVP 1컵
- 케첩 ½컵
- 바비큐 소스 1큰술
- 핫 소스 1작은술
- 소금 약간
- 후추 약간
- 올리브오일 2큰술

1. TVP를 끓는 물에 넣고 15분간 삶는다.
2. 물을 버리고 TVP를 눌러 수분을 제거한다.
3. 중불로 가열한 프라이팬에 TVP를 넣는다. 옅은 갈색이 될 때까지 짧게 익힌다.
4. 불을 약불로 낮추고 나머지 재료를 모두 넣는다. 잘 섞이게 뒤적인다.
5. 만든 소스를 핫도그 위에 뿌려 맛있게 먹는다!

재료

비건 육류 지방 900g
(28쪽 비건 육류 지방 만들기 참고)
또는 식물성 패티 제품 900g

tip. 나는 임파서블 푸드의 식물성 패티를 사용했다.

비닐 소시지 케이싱(25mm~26mm)

아주 곱게 다진 양파 ¼컵

곱게 다진 마늘 1쪽분

코리앤더 가루 1작은술

마조람 가루 ½작은술

메이스 가루 ¼작은술

겨자 가루 ½작은술

훈제 파프리카 가루 1작은술

고운 백후추 1작은술

달걀 대체재 3큰술

tip. 달걀 대체재를 찾는다면 이 책의 23쪽을 참고하자. 98쪽을 보면 직접 만들어 사용할 수 있다.

황설탕 1½작은술

소금 1작은술

식물성 우유 ½컵

곤약검 1작은술

카파 카라기난 1큰술

* 소시지 충진기 또는 충진기가 달린 고기 그라인더가 필요하다.

만드는 법

1 큰 믹싱볼에 모든 재료를 넣고 섞은 후 비건 육류 지방이나 식물성 패티 제품을 넣고 골고루 버무린다.

2 푸드 프로세서나 고기 그라인더로 **1**을 갈아준다.

tip. 나는 고기 그라인더로 3번에 걸쳐 갈았다. 식감이 조금은 느껴지는 정도로 갈아준다.

3 **2**를 30~40분간 냉동실에 넣어 잠시 둔다. 나중에 지방이 분리되어 TVP와 섞이지 않도록 최대한 냉동시키는 것이 좋다.

4 이제 비닐 소시지 케이싱을 사용할 차례다. 냉동시킨 핫도그 믹스를 케이싱에 채우고, 비틀어 꼬아 핫도그 모양을 만든다.

5 핫도그를 끓는 물에 30분간 익힌 후 꺼내서 식힌다.

6 핫도그가 차가워지면 꼬인 것을 풀어 케이싱을 제거한다.

tip. 케이싱을 제거하기 전에는 충분히 식혀야 한다.

7 완성된 핫도그는 바로 먹을 수 있고 그릴이나 팬에 구워서 먹을 수도 있다! 단, 다시 끓이는 것은 안 된다.

● 더 좋은 식감의 핫도그를 원한다면 영상을 참고하길 바란다.

비건 미트로 만든 핫도그·66쪽

히비스커스 고기 타코

히비스커스는 눈이 부실 정도로 화려한 붉은 꽃잎으로 '여왕의 꽃'이라고 알려져 있다. 이 꽃을 활용해서 만든 히비스커스 고기 타코는 '타코 데 하마이카'(tacos de Jamaica)로 알려진 전통적인 멕시코 레시피에서 고기 향을 살짝 더 가미한 것이다. 이 레시피는 타코에 들어갈 식물성 다짐육을 만드는 용도지만, 히비스커스를 우린 물은 차로 마실 수도 있다.

다음은 내가 정말 좋아하는 옥수수 토르티야 레시피다. 만들기도 정말 쉬우니 여러분은 이제 토르티야를 사기 위해 마트에 가지 않아도 될 것이다. 어서 뚝딱 만들어보자!

정말 쉬운 옥수수 토르티야 레시피

- 밥스레드밀 마사 하리나 옥수수 가루 2컵
- 소금 한 꼬집
- 뜨거운 수돗물 1 ½컵
  (가열한 것이 아닌 수도에서 받은 따뜻한 물)

* 완벽한 타코를 만들려면 토르티야 프레스가 필요하지만 밀대를 사용해도 된다.

1. 큰 믹싱볼에 옥수수 가루와 소금을 넣고 잘 섞는다. 섞으면서 뜨거운 수돗물을 붓는다.
2. 이렇게 하면 거칠고 너덜너덜한 반죽이 만들어진다. 매끈한 공 모양의 반죽이 될 때까지 손으로 누르고 치댄다.
3. 반죽을 믹싱볼에 넣고 랩이나 덮개를 씌워 15분간 잠시 둔다.
   tip. 이때 적신 키친타월로 감싸 놓으면 반죽이 촉촉해진다.
4. 시간이 지나면 반죽을 조금 뜯어서 손바닥 사이에 넣어 굴린다. 대략 골프공 크기로 동그랗게 만든다. 약간 더 커도 괜찮다!
5. 코팅지를 깔고 반죽을 손으로 눌러 편평하게 만든 후 밀대를 사용해 면적을 넓힌다. 지름 10cm 정도의 작은 토르티야를 만들면 된다.
6. 강불에 프라이팬을 올려 달군 후 토르티야를 올린다. 30초간 살짝 굽고 뒤집는다.

재료

말린 히비스커스 2컵
다진 마늘 3쪽분
슬라이스한 적양파 ½컵
올리브오일 2큰술
라임 1조각
후추 한 꼬집
소금 한 꼬집

만드는 법

1 큰 냄비에 히비스커스를 넣고 끓인다. 물이 끓으면 불을 낮춰 10분간 뭉근하게 졸인다.
2 시간이 지나면 불을 끄고 2시간 동안 뚜껑을 덮어 잠시 둔다.
3 체로 히비스커스를 건져낸다.
tip. 남은 물은 보관해서 히비스커스 차로 마셔도 된다.
4 중강불에 큰 프라이팬을 올린 후 올리브오일을 두르고 가열한다.
5 양파와 마늘을 넣고 볶다가 라임 1조각을 짜준다.
6 3의 히비스커스를 넣고 색이 짙어질 때까지 짧게 익힌다.
7 입맛에 맞게 소금과 후추로 간을 한다.
8 히비스커스를 토르티야에 넣고 타코를 만든다.
tip. 살사 베르데와 코코넛크림을 곁들이면 정말 맛있는 타코가 완성된다.

히비스커스 고기 타코·70쪽

Vegan Meat
치킨

'치느님'이라고도 불리는 치킨. 사실 치킨은 너무나 쉽게 식물성 재료로 대체 가능하다. 물론 치킨의 식감을 똑같이 재현해 내는 것은 어렵다. 식감 재현을 위해 여러 방법을 끊임없이 연구했고, 결국 수많은 시도 끝에 꽤 그럴듯한 식물성 단백질 치킨을 만들어냈다.

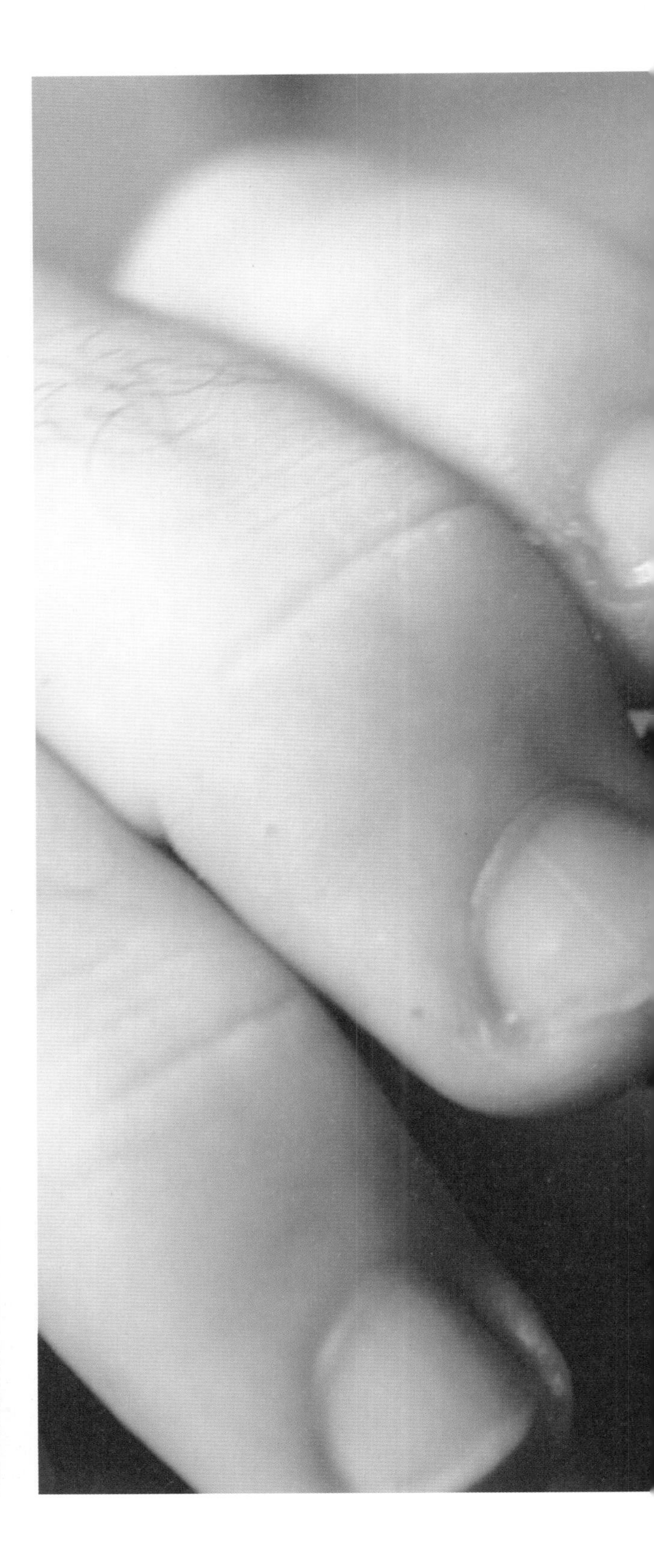

완두콩 단백질 치킨·82쪽

물에 씻은 밀가루로 만든 치킨

치킨을 식물성 재료로 대체하는 첫 번째 방법은 세이탄을 활용하는 것이다. 세이탄은 활성 밀 글루텐을 사용해 만들 수도 있고, 단순히 밀가루를 '씻어서' 만들어도 된다. 밀가루를 씻는 방법은 이 책에 몇 차례 등장한다. 그리고 내 유튜브 채널을 들어가면 더욱 자세히 알 수 있다. 이 레시피로 만든 것은 얇게 자르거나 깍둑썰기를 하여 닭고기 대신 사용할 수 있다.

그리고 레시피를 활용해 치킨너겟, 텐더, 필레를 만들 수도 있다. 또는 각자 선호하는 파스타에 올려보자! 더욱 맛있게 즐길 수 있다. 이제, 우리가 만들 치킨과 잘 어울릴 파스타 소스 레시피를 소개한다.

파스타 소스 레시피

- 통조림 토마토 1캔 (약 800g)
- 올리브오일 3큰술
- 으깬 마늘 3~6쪽분
- 다진 양파 ¼개분
- 토마토 페이스트 2큰술
- 생바질 몇 장
- 소금 약간
- 후추 약간

1 냄비에 올리브오일을 두르고 중약불로 가열한다.

2 마늘과 양파를 넣고 투명해질 때까지 가볍게 볶은 후 통조림 토마토를 넣는다.

tip. 소량의 물을 통조림통에 넣고 빙빙 돌려 통에 남아 있는 모든 토마토 소스를 다 넣어준다.

3 소스를 뭉근히 끓이면서 자주 저어준다. 젓지 않을 때는 뚜껑을 계속 덮어둔다.

4 토마토가 걸쭉한 소스 형태가 되면 토마토 페이스트와 생바질을 넣고, 소금과 후추로 간을 한다.

5 15~20분간 끓이면 완성이다.

재료

강력분 5컵

물 2컵

닭고기 향 비건 육수 1큰술

tip. 닭고기 향 비건 육수를 찾는다면 이책의 23쪽을 참고하자.

만드는 법

1 밀가루와 물을 섞어 반죽을 만든다.

2 손으로 단단해질 때까지 치댄 후 믹싱볼에 넣는다. 반죽이 잠길 정도로 찬물을 붓고 1시간 동안 그대로 잠시 둔다.

3 물속에서 반죽을 다시 치대면서 전분을 모두 씻어낸다. 물이 우유처럼 뽀얗게 될 때까지 계속해서 치댄다.

4 물을 버리고 깨끗한 물을 다시 채워 **3**을 반복한다. 완전히 깨끗한 물이 나올 때까지 씻어도 되지만, 어느 정도 전분을 씻어낸 듯하면 멈춘다.

tip. 반죽에 힘줄이 보이고 끈적끈적해 보여야 한다.

5 닭고기 향 비건 육수를 반죽에 넣고 치댄다. 반죽을 유산지로 단단하게 덮은 후 호일로 감싼다.

6 찜기에서 40분간 찐다.

7 소금과 후추로 간을 한 후, 중강불로 가열한 프라이팬에 올리브오일을 적당히 두르고 겉면을 바삭하게 굽는다.

tip. 완성된 치킨은 슬라이스 또는 깍둑썰기하거나 찢어서 요리에 다양하게 사용할 수 있다.

완두콩 단백질 치킨

육류를 대체하는 레시피를 개발하면서, 그에 적합한 식물성 재료인 완두콩 단백질을 찾아냈다. 좋아하던 식물성 치킨 업체가 제품을 없애면서 이 치킨 레시피를 개발하게 되었는데, 완두콩 단백질 치킨을 기계 없이 만들기란 거의 불가능했다. 대규모 식물성 대체 육류 제조업체들은 가열·압력·이축·압출기를 사용하여 조직 단백을 생산한다. 이러한 압출기는 완두콩 단백질을 가열·압축하면서 향을 넣어 닭고기와 같은 질감을 만들어낸다. 이 레시피는 1년간의 실험 끝에 만들어졌다. 나는 여러분이 나의 레시피를 통해 독특한 질감의 비건 치킨을 즐겨보길 바란다.

나는 허니 머스터드 소스에 이 치킨을 찍어 먹는 것을 좋아한다. 허니 머스터드는 비건이 아니지만, 비건 버전으로 손쉽게 만들 수 있다. 아래 방법으로 소스를 만들어 완두콩 단백질 치킨을 찍어 먹어보자!

비건 허니 머스터드 소스 레시피

- 디종 머스터드 ½컵
- 아가베 시럽 ¼컵
- 비건 마요네즈 ¼컵
- 사과식초 1작은술
- 파프리카 가루 ¼작은술

● 모든 재료를 그릇에 넣고 섞는다.

재료

지방

물 1½컵

메틸셀룰로스 1작은술

애로루트 가루 1작은술

액상 코코넛오일 2큰술

육류

완두콩 단백질 1컵

활성 밀 글루텐 3큰술

애로루트 가루 1큰술

닭고기 향 비건 육수 가루
또는 부이용 1큰술

[부이용(bouillon)은 원래 육류나 생선, 채소 등으로 만든 육수를 일컫는 프랑스 요리 용어지만, 육수를 고형이나 가루 형태로 만든 제품을 일컬을 때도 사용된다.]

tip. 닭고기 향 비건 육수를 찾는다면 이 책의 23쪽을 참고하자.

메틸셀룰로스 1작은술

물 ¾컵

만드는 법

지방

1 블렌더에 물을 넣고 저속으로 돌린다.

2 1에 메틸셀룰로스와 애로루트 가루를 넣고 살짝 걸쭉한 농도가 되도록 한다.

3 블렌더가 계속 돌아가는 동안 코코넛오일을 흘려 넣는다. 방울방울 흘려 넣다가 천천히 붓는다.

4 유산지를 깐 베이킹 시트 위에 **3**을 얇게 붓고 약 1시간 동안 냉동실에 넣어둔다.

육류

1 블렌더에 완두콩 단백질, 활성 밀 글루텐, 애로루트 가루, 닭고기 향 비건 육수 가루, 메틸셀룰로스를 넣는다. 물 반 컵을 넣고 바스러지는 질감이 날 때까지 블렌더를 돌린다.

2 물을 ¼컵 더 넣고 잘 혼합될 때까지 갈아준다.

3 반죽을 꺼내 밀대로 납작하게 민다.

4 **3**을 유산지로 감싸고 30분간 잠시 둔다.

5 반죽 위에 애로루트 가루를 살짝 뿌린 후 최대한 얇게 민다.
tip. 나는 약 0.6cm 두께로 밀었다.

6 냉동실에서 거의 다 얼려진 지방을 꺼낸다. 매우 얇은 시트가 되어 있어야 한다.

7 지방과 육류 반죽을 번갈아 가며 층층이 쌓는다.
tip. 내가 만든 반죽 덩어리는 길이 25cm, 너비 10cm, 두께 5cm가 되었다.

8 덩어리를 유산지로 아주 단단하게 감싼 후, 호일로 한 번 더 감싸준다.

9 큰 냄비나 프라이팬에 물을 넣고 **8**을 45분 동안 익힌다.

10 완성된 완두콩 단백질 치킨은 원하는 대로 사용할 수 있다! 기름에 부쳐도 되고, 반죽을 묻혀 튀겨도 된다. 또한 오븐에서 구워도 되고, 양념을 해서 그릴에 구워도 된다.

두부피 치킨

두부피는 정말 다양하게 사용할 수 있는 재료다. 나는 두부피를 사용해 베이컨과 치킨윙 껍질을 만들었고, 이번에는 아예 치킨을 만들었다. 이 레시피를 완성하기까지 나는 베트남식 채식 포크롤을 참고하여 여러 방법을 시도하고 연구했다. 이렇게 탄생한 두부피 치킨을 더욱 맛있게 즐기고 싶다면, 다음의 반미 레시피를 따라 만들어 먹는 것을 추천한다.

맛있는 두부피 치킨 반미 레시피

1. 크고 납작한 프렌치롤을 반으로 잘라 비건 버터를 바르고, 토스트기나 에어프라이어에 노릇하게 굽는다.
2. 두부피 치킨, 슬라이스한 오이와 고추, 생고수, 무, 당근, 피클을 프렌치롤 위에 올린다.
3. 마지막으로 스리라차 소스를 살짝 뿌려주면 완성이다.

재료

두부피 1팩(450g)
라이스 페이퍼 1팩
물 4컵
버섯 가루 1큰술
닭고기 향 비건 육수 가루 1작은술
tip. 닭고기 향 비건 육수를 찾는다면 이 책의 23쪽을 참고하자.
소금 1작은술
완두콩 단백질 1큰술
옥수수 전분 2큰술
튀김용 식물성 기름

만드는 법

1. 두부피를 길게 조각조각 자른다.
2. 냄비에 **1**, 물, 닭고기 향 비건 육수 가루를 넣고 저어주면서 약 20분간 끓인다.
3. 체에 받쳐 두부피를 건져내 믹싱볼에 넣는다.
4. **3**에 소금, 후추, 버섯 가루, 완두콩 단백질, 옥수수 전분을 넣는다. 포크를 사용해 두부피와 잘 버무린다.
5. 손으로 **4**를 적당량 덜어내 라이스 페이퍼로 아주 단단하게 감싼다. 남은 것도 똑같은 과정으로 만든다.
6. 큰 냄비에 식물성 기름을 넣고 180℃로 가열한다. 두부피 치킨을 튀긴다.

콜리플라워 윙

비건 요리에 관심이 많은 사람이라면, 콜리플라워 윙을 잘 알고 있을 것이다. 하지만 지금 소개할 이 콜리플라워 윙은 어디서도 본 적이 없을 것이다. 이 윙에는 껍질이 있기 때문이다. 나는 이 레시피가 비건 식단을 지키는 사람, 식물성 재료로 치킨을 만들어보고 싶은 사람에게 기본적인 도움을 줄 것이라고 생각한다. 종종 파티에서 큰 접시에 담긴 콜리플라워 윙을 보며, 나만의 요리를 만들어봤다. 많은 도전과 실험 끝에 이 독특한 레시피가 탄생했다.

재료

콜리플라워 1통분

냉동 두부피 1통분

닭고기 향 비건 육수 가루 5작은술

tip. 닭고기 향 비건 육수를 찾는다면 이 책의 23쪽을 참고하자.

물 5컵

소스

비건 버터 2큰술

프랭크 레드핫 소스 ¼컵

tip. 나는 프랭크 레드핫 소스를 사용했다. 여러분도 좋아하는 핫 소스를 넣으면 된다!

치폴레 타바스코 1작은술

메이플 시럽 1큰술

만드는 법

1 콜리플라워를 세척하고 한입 크기로 잘라낸다.
tip. 콜리플라워 손질법은 아래 QR 코드 영상을 참고하자.

2 냄비에 물, 닭고기 향 비건 육수 가루를 넣고 끓인다. 육수가 끓기 시작하면 손질한 콜리플라워를 넣고 3분간 익힌다.

3 익은 콜리플라워를 건져내고 찬물을 부어 식힌다.

4 두부피를 펴서 위에 콜리플라워를 올리고 완전히 감싸준다.

5 **4**를 유산지를 깐 베이킹 시트 위에 올린다.

6 오븐을 230℃로 예열한다.

7 예열한 오븐에 **5**를 25분간 굽고, 뒤집은 후 5분 더 구워준다.

8 약불에 올린 냄비에 소스 재료를 모두 넣고 잘 섞어주며 끓인다.

9 노릇하게 구워진 콜리플라워 윙을 **8**에 넣고 함께 버무린다.

자몽 껍질로 만든 치킨

지금 소개할 레시피는 자몽 껍질로 만든 치킨이다. 생소하다고 느끼겠지만 실은 오래전 쿠바의 암울의 시대에서 유래된 음식이다. 자몽 스테이크라는 의미를 지닌 '비스텍 데 토론하'(Bistec de Toronja)로, 쿠바가 식량 부족 사태를 겪고 있었을 때 사람들은 되도록 모든 음식을 남김없이 활용할 수 있는 방법을 찾았다. 그리고 그 해답이 자몽 스테이크였다. 음식물 쓰레기를 줄이며 요리할 수 있다는 아이디어가 좋아서 이 요리를 응용해 치킨 레시피를 개발했다.

이 치킨은 독특한 식감을 가지고 있고, 원하는 향을 첨가하면서 다양한 시도를 할 수 있을 정도로 순한 맛을 가지고 있다. 여러분이 이 치킨을 좋아하지 않을 수도 있지만 열린 마음을 가지면 뜻밖의 새로운 맛을 느낄 수 있을 것이다.

나는 이 치킨을 만들면 종종 샌드위치에 넣어 먹는다. 구운 양파, 고수를 넣고 핫 소스를 살짝 뿌리면 감동적인 맛의 샌드위치가 만들어진다!

재료

크기가 큰 자몽 2개

으깬 마늘 8쪽분

물 4컵

달걀 대체재 2개분

tip. 달걀 대체재를 찾는다면 이 책의 23쪽을 참고하자. 98쪽을 보면 직접 만들어 사용할 수 있다.

다진 생파슬리 1큰술

굵은 소금 약간

후추 약간

빵가루 2컵

튀김용 식물성 기름

만드는 법

1 감자칼을 사용해 자몽의 외피를 벗겨낸다. 억센 껍질 부분은 제거하고 '중과피'라고 알려진 안쪽의 하얀 층만 남겨둔다.

2 자몽을 반으로 자른 후 중과피만 남기고 조심스럽게 과육을 제거한다. (남은 과육은 그냥 맛있게 먹으면 된다.)

3 중과피를 다시 반으로 잘라 곡선으로 굽은 부분의 가장자리를 따라 작게 칼집을 넣으며 중과피가 편평하게 될 수 있도록 만든다.

4 중과피의 양면에 으깬 마늘을 박박 문지른다.

5 믹싱볼에 물, 달걀 대체재, 다진 생파슬리, 굵은 소금, 후추를 넣고 섞는다.

6 작은 접시나 베이킹 시트에 빵가루를 붓는다. 무쇠 프라이팬에 기름을 2.5cm 정도 올라오도록 붓고 180℃로 가열한다.

7 중과피에 **5**를 묻힌 후 빵가루를 입혀 튀긴다.

맛있는 세이탄 치킨너겟

물론 세이탄이 주는 식감을 좋아하지만, 식물성 조직 단백(TVP)의 식감도 빼놓을 수 없다. 세이탄과 TVP를 합하면 유명 패스트푸드점의 치킨너겟이 떠오르는 비건 치킨너겟을 만들 수 있다. 이 레시피는 얼마든지 다양하게 활용하고 변형할 수 있다. 튀김옷의 맛만 바꿔줘도 색다른 음식이 만들어질 것이다.

다음 레시피로 치킨너겟에 어울리는 디핑 소스까지 뚝딱 만들어보자.

치킨 디핑 소스 레시피

- 비건 마요네즈 ¼컵
- 아가베 시럽 2큰술
- 디종 머스터드 1큰술
- 옐로우 머스터드 1큰술
- 바비큐 소스 2큰술

● 모든 재료를 그릇에 넣고 섞는다. 치킨너겟을 찍어 먹거나, 샌드위치에 뿌려 먹어도 좋다.

재료

물 1컵

활성 밀 글루텐 4큰술

TVP 1컵

메틸셀룰로스 1큰술

잔탄검 1작은술

타피오카 전분 1큰술

닭고기 향 비건 육수 가루
또는 부이용 1작은술
(83쪽 부이용 설명 참고)

tip. 닭고기 향 비건 육수를 찾는다면 이 책의 23쪽을 참고하자.

간장 ½작은술

화이트증류식초 ½작은술

마마이트 ¼작은술

식물성오일 1큰술

튀김옷

빵가루 1컵

중력분 ¾컵

슈가 파우더 2큰술

코셔소금 2작은술
(65쪽 코셔소금 설명 참고)

후추 ½작은술

고춧가루 ½작은술

달걀 대체재 6큰술

tip. 달걀 대체재를 찾는다면 이 책의 23쪽을 참고하자. 98쪽을 보면 직접 만들어 사용할 수 있다.

식물성 우유 1컵

피클 통조림 국물 1큰술

소금 적당량

만드는 법

1 블렌더 또는 프로세서에 TVP를 넣고 짧게 끊어가며 갈아준다. TVP가 작은 조각이 될 때까지만 간다.

2 TVP를 믹싱볼에 옮긴다.

3 활성 밀 글루텐, 메틸셀룰로스, 잔탄검, 타피오카 전분, 닭고기 향 비건 육수 가루 또는 부이용을 **2**에 넣고 잘 섞어준다.

4 준비한 물에 간장, 화이트증류식초, 마마이트, 식물성오일을 넣고 섞은 후 **3**에 넣는다.

5 모든 재료들이 확실히 혼합될 수 있도록 손으로 잘 버무린다.

6 반죽을 편평하게 펼치며 치댔다가 위로 합쳐서 접어주고 다시 펼쳐서 치댄다. 반죽이 단단해질 때까지 이 과정을 반복한다.

7 호일 내부에 기름을 가볍게 바르고, **6**을 매우 단단하게 감싼 후 찜기에 40~60분간 찐다.

8 이제 튀김옷을 만들어보자. 블렌더에 빵가루를 넣고 고운 입자가 되도록 갈아준다.

9 믹싱볼에 **8**, 밀가루, 슈가 파우더, 코셔소금, 후추, 고춧가루를 넣고 섞는다.

10 다른 그릇에는 달걀 대체재, 식물성 우유, 피클 국물을 넣고 섞는다.

11 **7**의 찐 반죽을 너겟 크기로 잘라 **10**에 넣고 10분간 그대로 둔다.

12 큰 무쇠 프라이팬이나 냄비에 기름을 최소 7.5cm 높이로 채운다. 175~180℃ 사이의 온도가 되도록 가열한다.
tip. 식물성 기름이나 땅콩 기름을 사용하는 것이 좋다.

13 기름 온도를 유지하면서 너겟에 **9**를 묻히고 소량씩 튀긴다.

14 너겟이 짙은 황금빛 갈색이 되면 건져내 그물망 위에 올린다. 가볍게 소금 간을 한다.

식감이 풍부하고 부드러운 비건 맥너겟

앞 쪽에 소개한 세이탄 치킨너겟 레시피는 초기 레시피다. 우리는 이제 몇 가지 재료를 바꿔 식감이 더 풍부하고 부드러운 비건 맥너겟을 만들어보려고 한다. 자신의 입맛에 맞는 레시피가 무엇인지 파악하기 위해서 여러 가지를 시도해 보자.

앞에서 비건 허니 머스터드 소스 레시피를 확인했는가? 이 비건 맥너겟은 비건 허니 머스터드 소스(82쪽 참고)와 함께 먹으면 정말 잘 어울린다. 비건 맥너겟을 더 맛있게 즐겨보자!

재료

물 ½컵

TVP ½컵

버섯 가루 ½큰술

영양 효모 ½큰술

닭고기 향 비건 육수 가루 1작은술

tip. 닭고기 향 비건 육수를 찾는다면 이 책의 23쪽을 참고하자.

메틸셀룰로스(고점성) 1큰술

완두콩 단백질 2큰술

잔탄검 2작은술

소금과 후추 약간

튀김용 식물성 기름

튀김옷

마른 재료

밀가루 ½컵

옥수수 전분 ¼컵

소금 ½큰술

설탕 ½작은술

백후추 ¼작은술

양파 가루 ¼작은술

후추 ½작은술

젖은 재료

밀가루 1큰술

옥수수 전분 1큰술

설탕 ½작은술

소금 한 꼬집

차가운 탄산수 ½컵

달걀 대체재 1개분

tip. 달걀 대체재를 찾는다면 이 책의 23쪽을 참고하자. 98쪽을 보면 직접 만들어 사용할 수 있다.

만드는 법

1 중약불로 가열한 냄비에 물과 TVP를 넣고 녹인다. TVP가 녹으면 버섯 가루, 영양 효모, 닭고기 향 비건 육수 가루, 소금, 후추를 넣고 섞어준다.

2 1을 큰 믹싱볼에 넣고 덮개를 덮어 30분 동안 냉장고에 넣어 식힌다.

3 2를 스탠드믹서에 넣고 완두콩 단백질, 메틸셀룰로스, 잔탄검을 넣고 1분간 돌린다.

tip. 원하는 경우 반죽에 물을 추가하거나 풍미를 위해 코코넛오일을 넣어도 된다.

4 반죽이 촉촉해지면 치킨너겟 모양으로 형태를 만든다. 너겟 모양이 단단히 잡힐 때까지 약 1시간 동안 냉동실에 넣어 얼린다.

5 시간이 지나면 너겟을 꺼내둔다. 이제 튀김옷을 만들 차례다. 믹싱볼에 마른 재료를 모두 넣어 섞고, 별도의 믹싱볼에는 젖은 재료를 섞는다.

6 너겟에 마른 튀김 재료를 묻힌 후, 젖은 튀김 재료에 담갔다가 다시 마른 튀김 재료를 묻힌다. 이것을 그물망 위에 5분간 둔다.

7 큰 무쇠 프라이팬이나 냄비에 기름을 넣고 180℃로 가열한다.

8 너겟을 소량씩 기름에 튀긴다. 밝은 황금빛 갈색이 날 때까지 6분 정도 계속 뒤집어가며 튀긴다.

잭프루트 프라이드 치킨

잭프루트는 육류를 대체하는 식물성 재료 중 내가 가장 좋아하는 것이다. 신기하게도 덜 익은 상태의 잭프루트는 풀드포크의 식감에 가깝다. 책의 앞부분에서도 사용했지만, 이 레시피야말로 잭프루트를 완벽하게 활용한다. 다른 치킨 레시피와 마찬가지로 너겟이나 패티 등 다양한 용도로 활용할 수 있다. 나는 보통 '치킨 앤 와플'(chicken and waffles)[구운 와플 위에 튀긴 치킨을 올려 먹는 미국 요리 중 하나]과 내슈빌(Nashvilee) 핫 잭프루트를 만들어 먹곤 한다. 비건 파마산 치즈를 올려 끝내주는 비건 파미지아나(parmigiana)를 만들어도 되고, 튀겨서 잘게 잘라 좋아하는 샐러드에 곁들여도 좋을 것이다.

특히 치킨 앤 와플은 꼭 한번 만들어보는 것을 추천한다. 이것을 한 입 베어서 먹어보면 천천히 박수를 치게 될 것이다. 장담한다!

치킨 앤 와플 레시피

- 밀가루 1컵
- 설탕 1큰술
- 베이킹 파우더 2작은술
- 소금 한 꼬집
- 달걀 대체재 2큰술
- 식물성 우유 ¾컵
- 식물성 기름 ¼컵
- 바닐라 시럽 ½작은술

tip. 달걀 대체재를 찾는다면 이 책의 23쪽을 참고하자. 98쪽을 보면 직접 만들어 사용할 수 있다.

1. 믹싱볼에 밀가루, 설탕, 베이킹 파우더, 소금을 넣고 섞는다.
2. **1**에 달걀 대체재, 식물성 우유, 식물성 기름, 바닐라 시럽을 넣고 함께 섞는다.
3. **2**의 와플 믹스를 10분간 잠시 둔다.
4. 무쇠 와플팬을 가열하고, 스프레이 오일을 뿌리거나 붓으로 가볍게 기름칠을 한다.
5. 가열한 와플팬에 **3**의 와플 믹스를 부어 노릇하게 굽는다. 맛있는 비건 와플이 완성된다.

재료

영 그린 잭프루트 통조림 2캔(1캔 = 565g)

물 1½컵

닭고기 향 비건 육수 가루 또는
부이용 1개 또는 1큰술
(83쪽 부이용 설명 참고)

tip. 닭고기 향 비건 육수를 찾는다면 이 책의 23쪽을 참고하자.

영양 효모 2큰술

단백질 파우더 또는 완두콩 단백질 2큰술

메틸셀룰로스 1큰술

소금 약간

튀김옷

마른 재료

밀가루 1컵

파프리카 가루 ½작은술

고춧가루 ½작은술

마늘 가루 ½작은술

후추 ½작은술

젖은 재료

달걀 대체재 4큰술

tip. 달걀 대체재를 찾는다면 이 책의 23쪽을 참고하자. 98쪽을 보면 직접 만들어 사용할 수 있다.

식물성 우유 1컵

튀김용 식물성 기름

tip. 여기에 매운맛을 주고 싶다면 좋아하는 핫 소스 1~4큰술을 넣어보자. 또한 자신이 좋아하는 반죽 레시피가 있다면 시도해도 좋다. 어떤 것이든 이 레시피에 모두 잘 어울릴 것이다.

만드는 법

1 잭프루트를 씻고 물로 헹군다.

2 잭프루트의 씨를 없애고 줄기 부분으로부터 분리한다.
tip. 씨를 제거할 때는 잭프루트의 끝부분을 눌러서 씨가 껍데기로부터 튀어나오도록 하면 쉽다.

3 냄비에 물, 닭고기 향 비건 육수 가루 또는 부이용, 영양 효모를 넣고 강불로 끓인다. 물이 팔팔 끓으면 **2**의 잭프루트를 넣고 불을 낮춰 뭉근히 끓인다. 물이 절반 이하로 남을 때까지 졸인다.

4 **3**을 믹싱볼에 옮겨 담고 충분히 식힌다.
tip. 이때 온도가 50℃ 아래로 떨어질 때까지 식힌다.

5 **4**에 단백질 파우더, 메틸셀룰로스를 넣고 저어주며 섞는다.

6 랩을 신발 상자 크기로 잘라 펴놓고 **5**의 ¼ 정도의 양을 위에 올린다. 단단하게 감싸 닭가슴살 모양을 만든다.

7 **6**을 1시간 정도 냉동실에 넣어둔다. 사용하기 전까지 냉동시켜도 된다.

8 프라이팬이나 냄비에 최소 3.5cm 높이로 기름을 채우고 175~180℃로 가열한다.
tip. 식물성 기름이나 땅콩 기름을 사용하는 것이 좋다.

9 두 개의 믹싱볼을 꺼내 하나에는 마른 튀김 재료를 섞어 두고, 나머지 하나에는 젖은 튀김 재료를 넣고 섞는다.

10 **7**을 마른 재료에 담갔다가 젖은 재료에 넣은 후 다시 마른 재료에 넣는다.

11 튀김옷을 입힌 치킨 패티를 10~15분간 그물망 위에 둔다.

12 한 번에 2개의 패티를 튀긴다. 기름의 온도는 175~180℃를 유지한다.

13 패티가 짙은 황금빛 갈색이 되면 기름에서 건져 그물망 위에 올린다. 가볍게 소금으로 간을 한다.

● 영상에는 잭프루트 프라이드 치킨을 활용한 치킨 앤 와플 레시피가 있으니 참고하길 바란다.

두부 프라이드 치킨

두부의 가장 좋은 점은 어떤 음식에 넣어도 조화를 잘 이룬다는 것이다. 자주 가는 집 근처 중식당에서 제너럴 쏘(General Tso)두부를 먹다가 문득 참신한 생각을 하게 되었다. 그리고 이 아이디어를 구체화하면서 좋아하는 유튜버인 메리의 테스트 키친(Mary's Test Kitchen)에서 또 다른 영감을 받았다. 이 레시피는 그렇게 탄생했다.

무슨 이유인지 나는 이 두부 프라이드 치킨을 만들 때마다 항상 칠리 글레이즈 소스를 뿌려 먹는다. 이보다 잘 어울리는 소스는 없을 것이다. 게다가 만들기도 너무나 쉽다!

칠리 글레이즈 소스 레시피

- 간장 ½컵
- 황설탕 ¼컵
- 참기름 ¼컵
- 다진 마늘 5쪽분
- 요리술 ½컵
- 레드 페퍼 플레이크 ½작은술
- 옥수수 전분 2작은술
- 물 1큰술

1. 작은 냄비에 옥수수 전분과 물을 제외한 모든 재료들을 넣고 중불로 끓인다.
2. 믹싱볼에 옥수수 전분과 물을 넣고 잘 섞어 준다.
3. **2**의 옥수수 전분물을 거품기로 저어주며 냄비에 넣는다. 원하는 농도가 될 때까지 뭉근히 졸인다.
4. 두부 프라이드 치킨에 이 소스를 뿌리면 완성이다!

재료

두 번 얼린 500g 두부 1팩

닭고기 향 비건 육수 가루 1작은술

tip. 닭고기 향 비건 육수를 찾는다면 이 책의 23쪽을 참고하자.

뜨거운 물 ¼컵

코코넛오일 1큰술

타피오카 전분 2큰술

튀김옷

마른 재료

밀가루 1컵

빵가루 1컵

파프리카 가루 2작은술

마늘 가루 1작은술

카이옌페퍼 1큰술

후추 2작은술

소금 한 꼬집

튀김용 식물성 기름

젖은 재료

식물성 우유 1컵
(캐슈너트 우유나 완두콩 우유)

레몬즙 1작은술

프랭크 레드핫 소스 1큰술

액상 달걀 대체재 5큰술

tip. 액상 달걀 대체재는 저스트 에그 제품을 추천한다.

만드는 법

1 냉동실에서 두 번 얼린 두부 1팩을 꺼내 완전히 해동시킨 후 포장을 뜯어 물을 버린다. 두부 프레스나 도마를 사용해 두부를 눌러 여분의 물기를 제거한다.

tip. 두 번 냉동한 두부는 누르기는 쉽지만 잘 부서질 수 있다. 그러므로 반드시 두부를 충분히 건조시켜야 한다.

2 약불로 달군 냄비에 물과 닭고기 향 비건 육수 가루를 넣는다.

3 2의 육수가 끓기 시작하면 코코넛오일과 타피오카 전분 1큰술을 넣고 잘 섞어준다.

4 1의 물기를 완전히 제거한 두부를 진공팩에 넣는다.

5 3에 타피오카 전분 1큰술을 추가로 넣고 빠르게 섞어 진공팩에 붓는다.

6 진공팩을 약 6시간 동안 냉장고에 넣어둔다. 시간이 지나면 두부를 꺼내 원하는 크기로 자른다.

7 믹싱볼 3개를 준비한다. 첫 번째 믹싱볼에는 밀가루만 넣고, 다른 믹싱볼에는 밀가루를 제외한 모든 마른 재료를 넣는다. 또 다른 믹싱볼에는 젖은 재료를 넣어 섞는다.

8 프라이팬이나 냄비에 기름을 넣고 175℃로 가열한다.

9 두부 조각에 밀가루를 묻히고 젖은 재료에 잠깐 담근 후 다시 마른 재료에 넣으며 튀김옷을 입힌다.

10 황금빛 갈색이 돌 때까지 노릇하게 두부를 튀긴 후, 그물망이나 키친타월 위에 올려 기름기를 제거한다.

11 입맛에 맞게 소금으로 간을 한다.

이 레시피는 두 번 얼린 두부를 사용한다.
포장된 두부 1팩을 냉동실에 넣어둔 후 단단히 얼면 냉동실에서 꺼내 완전히 해동시킨다.
이것을 다시 냉동실에 넣고 사용하기 전까지 계속 얼린다.
tip. 얼린 두부를 해동할 때는 조리하기 하루 전 냉장실로 옮겨 천천히 해동하는 방법과 냉동실에서 꺼낸 뒤 전자레인지에 3~4분간 돌려 해동하는 방법이 있다.

Vegan Meat
달걀

이 장에서는 비건 달걀을 만드는 놀라운 방법에 관한 내용을 다룬다. 비건 달걀을 만드는 데는 많은 방법들이 있다. 우리는 가장 쉬운 것부터 시작해 음식의 질감, 요리 과정들을 과학적으로 분석해 새롭게 변형시키거나 전혀 다른 형태로 음식을 창조하는 분자 요리의 세계로 들어갈 것이다. 자, 이제부터 놀라운 달걀 요리를 시작해 보자.

녹두 단백질로 만든 스크램블·109쪽

맛있는 두부 스크램블

처음 만들어볼 비건 달걀 요리는 모두에게 친숙한 스크램블이다. 이는 두부를 작은 조각들로 부수어서 달걀과 같은 맛을 더하고 색을 낸 것이다. 맛도 그럴싸하고 꽤 괜찮았지만 나는 언제나 식감이 아쉬웠다. 그래서 더 맛있는 두부 스크램블을 만들고자 노력했다. 여러 시도와 실험 끝에 이 레시피가 탄생했고, 이 스크램블은 정말 완벽하고 맛있다. 꼭 한번 만들어보길 바란다.

나는 스크램블을 너무나 좋아하고, 스크램블과 토스트를 같이 먹는 것도 좋아한다. 다음은 내가 즐겨 먹는 두부 스크램블 샌드위치 레시피다. 참고하여 여러분만의 스타일로 만들어보자!

두부 스크램블 샌드위치 레시피

- 사워도우
- 비건 버터 1작은술
- 큰 아보카도 1개
- 아가베 시럽 2작은술
- 크러쉬드 레드 페퍼 한 꼬집
- 코셔소금 한 꼬집 (65쪽 코셔소금 설명 참고)

1 사워도우를 슬라이스한 후 비건 버터를 발라 노릇하게 굽는다.
2 믹싱볼에 아보카도를 으깨고 아가베 시럽, 크러쉬드 레드 페퍼, 코셔소금을 넣어 섞는다.
3 **2**의 아보카도 스프레드를 **1**의 빵에 듬뿍 바른다. 그 위에 두부 스크램블을 크게 한 스쿱 떠서 올리면 완성이다.

재료

부침용 두부 500g 1팩

강황 가루 1작은술

블랙소금 1작은술

닭고기 향 비건 육수 가루
또는 부이용 ¼작은술
(83쪽 부이용 설명 참고)

tip. 닭고기 향 비건 육수를 찾는다면 이 책의 23쪽을 참고하자.

영양 효모 1작은술

소금 약간

후추 약간

캐슈너트 우유 ½컵

카파 카라기난 ½작은술

버섯 가루 한 꼬집

만드는 법

1 두부는 물기를 뺀 후 믹싱볼에 넣고 포크나 포테이토 매셔를 사용해 으깬다.

2 다른 믹싱볼에 캐슈너트 우유, 강황 가루, 블랙소금, 닭고기 향 비건 육수 가루 또는 부이용, 카파 카라기난을 넣고 거품기로 젓는다.

3 **2**를 **1**에 넣고 잘 섞어준다. 여기에 버섯 가루를 뿌리고 10분간 잠시 둔다.

4 프라이팬에 가볍게 기름을 두른 후 **3**을 넣고 강불에서 익힌다.

5 가볍게 지글거릴 정도로 불을 낮추고 졸이면서 익힌다.

6 그릇에 옮겨 담아 15분간 식힌다.

7 소금, 후추로 간을 한다.

호박씨로 만든 스크램블

이것은 일반적인 식물성 재료로 만든 달걀 레시피와 달리 아주 독특한 재료를 사용한 레시피다. 사실 호박씨를 사용해 달걀 대체품을 만드는 방법보다 녹두를 사용해 만드는 방법이 더 쉽다. 호박씨의 껍질을 벗기는 과정이 손이 많이 가기 때문이다. 하지만 호박씨로 만든 스크램블은 완벽하게 달걀 스크램블 맛이 난다.

이 레시피를 개발하기 위해 끊임없는 연구를 거듭하며 수정을 했다. 호박씨로 만든 스크램블은 그냥 먹어도 맛있지만 좋아하는 비건 치즈 몇 가지를 섞어 같이 먹으면 훨씬 맛있다.

재료

호박씨 280g

물 2¼컵

강황 가루 1작은술

마늘 가루 ½작은술

블랙소금 1작은술

올리브오일 1큰술(스크램블 하나당)

만드는 법

1 호박씨가 잠기도록 찬물을 붓고 12시간 동안 불린다.

2 물을 버리고 호박씨는 씻어서 껍질을 제거한다. 최대한 껍질을 많이 제거한다.

tip. 불린 호박씨를 끓는 물에 살짝 데친 후 바로 찬물에 담가주면 껍질 벗기기 수월해진다.

3 블렌더에 호박씨와 물을 2¼컵을 넣고 아주 부드러운 액체가 될 때까지 갈아준다.

4 **3**에 강황 가루를 넣는다. 다음으로 마늘 가루, 블랙소금을 넣고 잠깐씩 끊어가며 갈아준다.

5 **4**의 혼합물을 약 12시간 동안 냉장고에 넣어둔다.

6 냉장고에서 혼합물을 꺼낸 후, 올리브오일을 두르고 중강불로 가열한 프라이팬에 붓는다.

7 윗면이 살짝 건조해지는 것이 보이면 천천히 스크램블하면서 노릇하게 굽는다.

8 소금과 후추로 간을 하거나 좋아하는 토핑을 넣는다.

비밀의 달걀 노른자

이 마법 같은 비밀의 달걀 노른자 레시피는 크로스로드 키친(Crossroads Kitchen) 셰프들에게서 영감을 받아 만든 것이다. 사람들이 크로스로드 키친의 달걀 노른자 레시피를 따라한 영상을 본 후 만들어봐야겠다는 생각이 들었다. 대부분의 레시피는 이미 알고 있는 것이었지만, 토마토를 사용해 달걀 노른자 맛을 내는 방법에 새로운 아이디어를 얻었다.

이 토마토를 사용한 달걀 노른자 레시피를 조금 수정하면 다양하게 활용할 수 있는 식물성 달걀을 만들 수 있다는 생각이 들었다. 그리고 많은 연구 끝에 낯설지만 신기한 비밀의 달걀 노른자 레시피를 개발했다. 이 레시피는 토마토를 '볼록한' 노른자 모양으로 만들기 위해 과학적인 분자 요리 기법을 적용한다.

이 레시피에 사용하는 노란색 토마토는 그 자체로 맛이 매우 순하고 아미노산의 일종인 글루타메이트가 풍부하여 피로감과 스트레스 해소에 좋다.

재료

크기가 큰 노란색 토마토 2개

증류수 3컵

알긴산나트륨 겔 5작은술(아래 설명 참고)

염화칼슘 1큰술

올리브오일 4큰술

겨자 가루 1작은술

영양 효모 2큰술

블랙소금 2작은술

만드는 법

1 오븐을 175℃로 예열한다.

2 토마토는 줄기와 갈색 반점을 제거한 후 케이크틀이나 베이킹용 그릇에 넣는다. 올리브오일 1큰술을 뿌리고 오븐에 넣어 45분간 굽는다.

3 **2**의 구운 토마토를 블렌더에 넣고 부드러운 액체가 될 때까지 갈아준다.

4 **3**에 올리브오일 3큰술, 겨자 가루, 영양 효모, 블랙소금, 염화칼슘을 넣고 간다.

5 **4**를 체에 걸러주면서 믹싱볼에 붓고, 30분간 냉장고에 넣어 식힌다.

6 이제 까다로운 과정이 남아 있다. 여분의 믹싱볼에 차가운 물을 담는다.

7 **5**를 1큰술 떠서 알긴산나트륨 겔 중앙에 천천히 떨어트린다.

tip. 이때 떨어트린 방울이 원형을 유지하도록 숟가락 2개를 이용해 빠르게 노른자 모양을 만든다. 약 30초 동안 그대로 잠시 둔다. 이때 너무 오래 두거나 빨리 건져내면 달걀 노른자 같은 느낌이 없어질 것이다.

8 숟가락으로 노른자를 천천히 건져내 **6**의 차가운 물을 담은 믹싱볼에 잠시 넣어둔다.

9 이 과정을 반복하여 여러 개의 비건 노른자를 만든다. 이 노른자는 바로 요리에 사용하거나 먹을 수 있다.

이 레시피는 먼저 알긴산나트륨 겔을 만들어야 한다. 이 겔은 약 4시간 전이나 전날 밤에 미리 만들어놓는 것이 가장 좋다.

1 블렌더에 증류수를 넣고 저속으로 돌리다가 알긴산나트륨을 천천히 넣는다. 이렇게 하면 겔이 만들어진다.

2 겔을 그릇에 붓고 덮개를 씌워 냉장고에 넣어둔다.

tip. 이는 기포를 없애기 위함이다. 이렇게 하지 않으면 달걀 노른자에 기포가 많이 생긴다.

녹두 오믈렛

한 기업이 녹두를 이용해 너무나 훌륭한 달걀 대체재를 만든 것을 보고 나에게도 도전 욕구가 생겼다. 녹두는 일정 수준 이상의 점성을 띠며 열을 가하면 달걀처럼 굳는 성질이 있다. 열을 가한 녹두에 강황이나 당근 추출물로 색을 내면 감쪽같이 달걀처럼 보인다. 처음 녹두로 스크램블에 도전했을 때는 녹두 빈대떡처럼 나왔다. 달걀 맛이 나지만 스크램블 형태가 아닌 두꺼운 오믈렛 형태가 탄생했다. 이 점이 아쉬워 다음 녹두 스크램블을 만들 때 과정을 조금 수정해 얇은 녹두 오믈렛을 만들어냈다. 자, 이제 비건 달걀을 만들기 위해 녹두에서 단백질을 분리해 보자!

재료

쪼갠 녹두 1컵
블랙소금 3작은술
물 1¼컵
코코넛 크림 2큰술
파프리카 가루 ½작은술
강황 가루 ¼작은술
곤약검 ½작은술

만드는 법

1 반으로 쪼갠 녹두를 잘 씻고 행주로 녹두의 물기를 제거한다.

2 건조기에 넣고 완전히 마를 때까지 건조시킨다.
tip. 140℃로 예열한 오븐에 약 4시간 동안 건조시켜도 된다.

3 블렌더에 건조시킨 녹두를 넣고 아주 고운 가루가 될 때까지 분쇄한다.

4 체에 한번 걸러주면서 믹싱볼에 붓는다. 굵은 알갱이가 남아 있는지 확인한다.

5 **4**를 다시 블렌더에 넣어 5~10분간 분쇄한다. 고운 전분이 되어야 한다.

6 **5**를 믹싱볼에 넣고 찬물을 섞는다. 약 20분 동안 그대로 잠시 둔다.
tip. 만약 집 내부 온도가 높다면 냉장고에 넣어도 된다. 차게 유지하라.

7 **6**을 천천히 블렌더에 넣는다.

8 **7**에 곤약검, 강황 가루, 파프리카 가루, 코코넛 크림, 블랙소금을 넣고 저속으로 돌리면서 잘 혼합한다. 혼합물을 긴 소스 통에 담아 1분간 냉동실에 넣는다.

9 약불로 가열한 프라이팬에 기름을 두르고 **8**의 혼합물을 천천히 붓는다. 윗면이 건조해진듯 보이면 돌돌 말아 뒤집어 오믈렛을 완성한다.
tip. 돌돌 말기 전 영양 효모를 약간 뿌려주자. 풍미가 더 좋아진다.

녹두 단백질로 만든 스크램블

재료

껍질을 벗겨 쪼갠 녹두 또는 뭉달(moong dahl) 1컵

찬물 8 ½컵

베이킹 소다 1작은술

화이트증류식초 3큰술

카놀라유 1 ½큰술

양파 가루 ½작은술

강황 가루 ½작은술

블랙소금 1작은술

설탕 ½작은술

잔탄검 ½작은술

대두 레시틴 ½작은술

메틸셀룰로스 ½작은술

만드는 법

1 블렌더에 녹두 또는 뭉달과 찬물 1컵을 넣고 버터 같은 질감이 될 때까지 갈아준다.

2 베이킹 소다와 찬물 7½컵을 잘 섞은 후 **1**에 넣는다.

3 **2**의 혼합물을 거품기가 달린 스탠드믹서에 넣고 30분간 섞어준다.

tip. 직접 손으로 거품기를 돌려도 된다.

4 **3**의 혼합물을 천 커피 필터에 넣고 거른다. 이렇게 하면 큰 섬유 조직과 전분이 분리된다. 이때 거른 물은 따로 모아둔다.

5 **4**의 걸러진 물을 큰 냄비에 넣고 29°C까지 가열한 후 믹싱볼에 붓는다.

6 **5**에 화이트증류식초를 천천히 흘려 넣는다. 이때 단백질이 물에서 분리되는 것을 즉각적으로 볼 수 있다.

7 덮개를 덮어 12시간 동안 냉장고에 넣고 잠시 둔다. 시간이 지나면 단백질이 바닥에 가라앉을 것이다.

8 대형 스포이트나 사이펀을 사용해 단백질 위에 있는 액체를 천천히 제거한다. 이때 단백질은 약 1 ½컵 가량 남긴다.

tip. 단백질은 건드리지 않도록 주의한다.

9 녹두 단백질을 상온에 두거나 가장 낮은 온도로 설정한 오븐에 4~5시간 넣어둔다.

10 별도의 믹싱볼에 카놀라유부터 나머지 재료를 순서대로 모두 넣고 섞는다. 제법 끈적끈적해지면 **9**를 넣고 저어준다.

11 중약불로 가열한 프라이팬에 **10**을 붓는다. 일반 스크램블처럼 조리한다.

tip. 일반 스크램블보다 시간이 약간 더 걸릴 수 있다. 가볍고 폭신한 스크램블이 만들어질 때까지 조리하면 된다. 이렇게 만든 녹두 단백질 스크램블은 베이킹에 들어가는 달걀 대체재로 사용할 수 있다!

녹두 단백질로 만든 스크램블·109쪽

비건 염장 노른자

많은 레스토랑에서 사용되는 가니쉬 중 하나인 염장 노른자는 기존 달걀 노른자의 진하고 묵직한 맛을 살리고 고형으로 만든 것이다. 파스타나 샐러드 위에 뿌리거나 빵에 발라먹기 위한 치즈 대용으로 사용하면 더욱 감칠맛이 난다. 나는 이것을 비건식으로 만드는 방법을 찾기 위해 부단히 노력했다. 누군가가 염장한 노른자가 반경성 치즈와 비슷하다고 말하는 것을 듣고 번뜩 새로운 아이디어가 떠올랐다. 해답은 타피오카였다! 가열한 타피오카는 꽤 빠르게 건조해지는데, 나는 예전에 이것으로 달걀 노른자 맛이 나는 치즈 소스를 만들었다. 이 경험을 떠올려 첫 번째 비건 염장 노른자를 만드는 데 성공했고 맛도 훌륭했다! 어느 요리에든 감칠맛과 풍미를 추가하고 싶다면 이 '노른자'를 사용해 보자. 다음은 비건 염장 노른자를 활용한 파르팔레 파스타 레시피를 소개한다.

파르팔레 파스타 레시피

- 파르팔레 파스타 면 적당량
- 올리브오일 1~2큰술
- 코셔소금 약간 (65쪽 코셔소금 설명 참고)
- 후추 약간
- 생바질 조금
- 비건 염장 노른자 1개

1. 파르팔레 파스타 면을 삶은 후, 프라이팬에 올리브오일을 넣고 함께 뒤적인다.
2. 소금과 후추로 간을 한다.
3. 생바질을 조금 올린 후 치즈 강판을 사용해 염장 노른자 절반 정도를 갈아서 파스타에 올리면 완성이다.

재료

캐슈너트 1컵
코코넛오일 2큰술
토마토 페이스트 1큰술
찬물 ½컵
영양 효모 ½컵
블랙소금 2작은술
버섯 가루 1작은술
겨자 가루 ½작은술
강황 가루 ½작은술
한천 가루 1작은술
타피오카 전분 4컵
코셔소금 225g
(65쪽 코셔소금 설명 참고)

만드는 법

1 뜨거운 물에 캐슈너트를 20분간 불려 부드럽게 만든다. 부드러워지면 찬물에 헹군다.

2 블렌더에 **1**의 캐슈너트, 토마토 페이스트, 코코넛오일, 물을 넣고 농도가 매끈해질 때까지 갈아준다. 영양 효모, 블랙소금 1작은술, 버섯 가루, 겨자 가루, 강황 가루를 추가로 넣고 3~5분 동안 간다.
tip. 이때 땅콩 버터 같은 농도가 나와야 한다.

3 **2**에 마지막으로 한천 가루를 넣고 고르게 섞일 때까지 약 2분간 간다.
tip. 혼합물이 가열돼서 빨리 굳으면 안 되므로 한천은 마지막에 넣는다.

4 **3**을 믹싱볼에 옮기고 타피오카 전분 ½컵을 넣는다. 스탠드믹서를 사용하여 고루 섞는다. 반죽이 점토의 질감이 될 때까지 ¼컵씩 타피오카 전분을 추가한다. 습도에 따라 달라지기는 하나 대략 3컵이 필요할 것이다.

5 오븐을 120℃로 예열한다.

6 컵케이크틀에 코셔소금을 절반 높이만큼 채운다.

7 여분의 그릇에 타피오카 전분 1큰술, 블랙소금 1작은술을 넣고 섞는다.

8 **4**의 반죽을 노른자 크기의 작은 공 모양으로 만들어 **7**을 가볍게 묻힌다. 그 다음 **6**의 컵케이크틀에 하나씩 넣는다.

9 10~15분간 또는 노른자의 온도가 88℃가 될 때까지 예열한 오븐에 굽는다.
tip. 적정 온도를 찾기 위해서 테스트해 보는 것을 추천한다.

10 노른자를 오븐에서 꺼내고 약 20~30분간 잠시 둔다. 코셔소금을 더 얹고 12시간 정도 냉장고에 넣어둔다.

11 시간이 지나면 소금을 붓으로 털어낸다. 완성된 노른자는 슬라이스하거나 강판에 갈아서 좋아하는 샐러드, 샌드위치에 추가해서 먹으면 된다. 이것은 모든 음식에 넣을 수 있는 놀라운 노른자다!

비건 염장 노른자 · 112쪽

Vegan Meat

돼지고기

내가 아는 대부분의 육식주의자들은 고기 없이는 못 산다고 말한다. 정말 그럴까? 이제는 육식을 조금 줄여봐야 하지 않을까? 당장 육식을 줄이기 어렵다면, 여기 새롭지만 맛있는 방법이 있다. 식물성 재료로 만든 풀드포크, 수박으로 만든 햄, 바비큐 버섯 폭립 등 맛있는 여정을 떠나보자. 나는 지금부터 여러분에게 더 건강하고 맛있게 만드는 식물성 돼지고기 레시피를 알려주겠다!

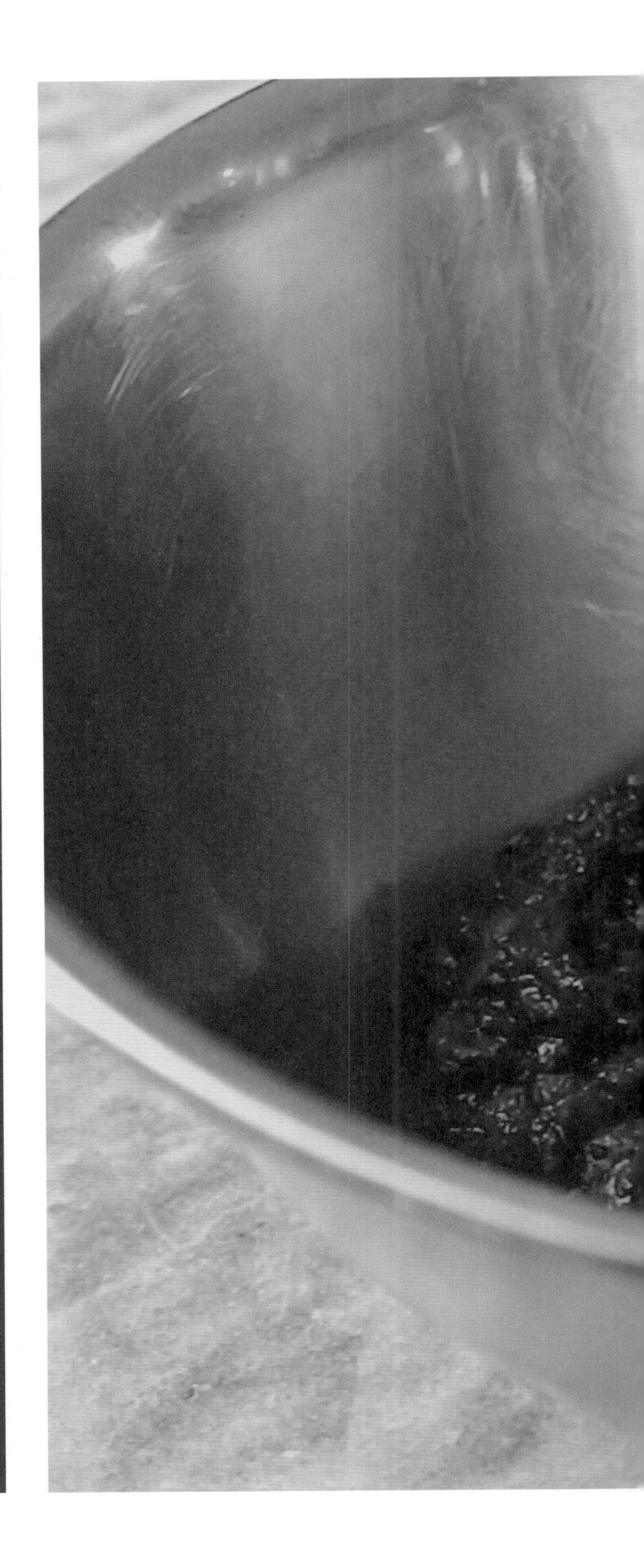

비리아 타코를 위한 멕시코식 풀드포크·136쪽

무 베이컨

두껍게 썬 베이컨, 바삭한 베이컨, 촉촉한 베이컨 등 여러분이 선호하는 베이컨의 식감과 풍미가 있을 것이다. 내가 만든 식물성 베이컨들은 쉽게 만들 수 있고, 제법 바삭바삭하게 구워진다. 원한다면 살짝 촉촉하게도 구울 수 있으니 레시피를 참고해 여러분만의 근사한 베이컨 요리를 완성해 보길 바란다. 내가 정말 좋아하는 이 무 베이컨은 책에 나온 베이컨 중 가장 바삭한 베이컨이다! 나는 이것을 샌드위치에 자주 넣어 먹는다.

식빵 두 조각에 비건 마요네즈를 조금 바르고, 상추와 토마토를 넣는다. 소금과 후추로 간을 한 후 무 베이컨을 잔뜩 올려보자. 이보다 더 좋을 순 없을 것이다!

재료

크기가 큰 무 1개
코셔소금 적당량
(65쪽 코셔소금 설명 참고)
간장 ⅓컵
영양 효모 2큰술
버섯 가루 또는 MSG 1작은술
훈제액 1작은술
메이플 시럽 1큰술
파프리카 가루 ½작은술
마늘 가루 ½작은술
그라인더로 간 후추 적당량
식물성 기름 1큰술

만드는 법

1 무는 깨끗이 씻은 후 감자칼로 겉부분을 깎아낸다.
2 필러를 무에 대고 강하게 누르면서 베이컨 두께로 깎는다.
3 **2**의 무 조각을 키친타월 위에 편평하게 펼치고 코셔소금을 덮어 무에서 수분을 빼낸다. 이 상태로 15분간 잠시 둔다.
4 베이컨 양념을 만들어보자. 간장부터 나머지 재료들을 큰 믹싱볼에 넣고 잘 섞는다.
tip. 후추는 살짝만 뿌린다!
5 **3**의 수분을 제거한 무 조각을 키친타월로 닦아낸 후 찬물에 헹궈 소금기를 제거한다.
6 믹싱볼에 무 조각을 넣고 완전히 잠기도록 양념을 붓는다. 15분간 재어둔다.
7 프라이팬을 중강불로 가열하고 기름을 1큰술 정도 두른다.
8 베이컨이 타지 않도록 계속 뒤집어 가며 소량씩 굽는다.
tip. 무 베이컨은 정말 빠르게 탄다!
9 **8**의 무 베이컨을 키친타월이나 망 위에 올려 기름기를 제거하고 바삭해지도록 식힌다.

무 베이컨·119쪽

S

세이탄으로 만든 베이컨

세이탄 베이컨은 세이탄 페이스북 그룹(facebook.com/groups/MakingSeitan)의 멤버 나이젤(Nigel)이 개발한 것이다. 나이젤은 세이탄을 이용해 베이컨을 만든 최초의 인물은 아니지만, 더 훌륭하게 만든 인물이다. 성공적으로 베이컨의 풍미와 식감을 재현했고 내게 큰 영감을 주었다. 나는 그가 만든 베이컨 레시피를 약간 수정하여 이 레시피를 개발했다. 단언컨대 이것은 식물성 재료로 만든 베이컨 중 맛과 식감이 가장 좋을 것이다. 또한 다양한 방법으로 이 베이컨에 맛을 더할 수 있다. 양념을 넣어서 더 짭조름하거나, 달콤하게 또는 훈제 맛이 나게 만들 수 있다.

이 세이탄 베이컨은 내가 좋아하는 아침용 베이컨이다. 이 책에서 소개한 스크램블 중 하나와 같이 먹으면 정말 잘 어울릴 것이다. 세이탄 베이컨과 녹두 스크램블, 과일 조금이면 완벽한 비건 아침 한 상을 차릴 수 있다!

재료

육류

삶은 병아리콩 1컵
병아리콩을 삶고 남은 아쿠아파바 ½컵
마늘 가루 1작은술
훈제 파프리카 가루 1½작은술
버섯 가루 1큰술
참기름 1큰술
마마이트 1작은술
토마토 페이스트 ½큰술
훈제액 1½작은술
사과식초 1작은술
메이플 시럽 ½작은술
활성 밀 글루텐 1컵

지방

활성 밀 글루텐 ½컵
병아리콩을 삶고 남은 아쿠아파바 ½컵

만드는 법

1 먼저 육류부터 만든다. 활성 밀 글루텐을 제외한 모든 재료를 블렌더나 푸드 프로세서에 넣고 아주 매끈하게 될 때까지 갈아준다.
2 1을 스탠드믹서에 붓거나 다른 큰 믹싱볼에 붓는다.
3 2에 활성 밀 글루텐을 넣고 잘 혼합될 때까지 스탠드믹서를 5~10분간 저속으로 돌린다. 반죽을 꺼내 손으로 가볍게 치댄다.
tip. 스탠드믹서를 사용하지 않고 손으로도 간단하게 만들 수 있다. 큰 스페튤라나 숟가락으로 잘 섞어준 후 작업대 위에 글루텐을 뿌리고 10~15분간 치댄다.
4 3의 육류 반죽을 2개로 나누고 지방을 만드는 동안 잠시 둔다.
5 이제 베이컨의 지방을 만들어보자. 활성 밀 글루텐과 아쿠아파바를 스탠드믹서에 넣고 저속으로 5~10분간 갈아준다.
6 4의 육류 반죽 2개를 각각 베이컨 정도의 길이(13~15cm)에 두께는 1.3cm 보다 얇게 되도록 잡아 늘인다.
7 5에서 만든 지방 반죽도 2개로 나눈다. 육류 반죽 위에 흰색의 지방 반죽을 겹쳐 올리고 반죽을 잡아 당겨서 육류 반죽을 다 덮어준다. 찢어지거나 떨어져도 괜찮다.
8 남은 육류 반죽을 다시 지방 반죽 위에 올려 두 번째 층을 만든다. 그런 다음 지방 반죽을 올려 전체를 덮는다.
9 소금과 후추를 모든 면에 뿌린다.
10 8의 반죽 덩어리를 비닐랩으로 감싼다. 반죽이 단단해질 때까지 약 1시간 정도 냉동실에 넣어둔다.
11 랩을 벗기고 베이컨 두께로 얇게 자른다.
12 프라이팬에 기름을 넣고 베이컨을 약불에 굽는다. 살짝 갈색빛이 돌고 바삭해질 때까지 구워준다.

찹쌀가루로 만든 베이컨

이제 기존의 베이컨 레시피에서 살짝 벗어나 식물성 대체 육류 요리의 길로 반전을 꾀하고자 한다. 나는 인스타그램에서 새로운 비건 베이컨 레시피를 자주 보았다. 놀라울 정도로 실제 베이컨처럼 생겨서 나는 이것이 어떻게 만들어지는지 알아내고 싶다는 생각이 들었다. 어떻게 만들어지는지 파악하기 위해 오랜 시간 동안 여러 시도와 실패를 거듭하면서 결국 나는 나만의 베이컨인 '찹쌀가루로 만든 베이컨'을 만들었다. 이 레시피는 요리에 있어 여러 시도와 실패가 무엇을 창조할 수 있는지를 보여주는 증거다. 그러니 여러분도 두려워하지 말고 마음껏 실험해 보길 바란다!

재료

올리브오일 적당량

육류

버섯 가루 1큰술

훈제액 2작은술

메이플 시럽 1큰술

비트 가루 1작은술

코코넛오일 1½큰술

타피오카 전분 2½큰술

지방

찹쌀가루 1컵

물 1컵

만드는 법

1 믹싱볼에 육류 재료를 모두 넣고 거품기로 잘 섞는다. 지방을 만드는 동안 잠시 뚜껑을 덮어 냉장고에 넣어둔다.

2 별도의 믹싱볼에 물과 찹쌀가루를 넣는다. 거품기로 저어서 혼합한다.

3 **2**에 뚜껑을 덮고 전자레인지에 3~4분간 가열하되, 30초마다 멈추고 저어준다. 반죽의 형태가 되도록 계속 휘젓는다.

4 작업대 위에 찹쌀가루를 뿌린다.**3**의 반죽을 올리고 밀대를 사용하여 납작하게 민다. 반죽 두께는 0.6cm, 너비는 베이컨 너비 정도면 된다. 반죽을 다 펴내면 **1**을 꺼내 놓는다.

tip. 밀대에 미리 찹쌀가루를 묻혀놓는다.

5 **4**의 편평한 지방 반죽에 **1**을 고루 펼쳐놓는다. 스페튤라나 숟가락을 이용해 지방 반죽 전체에 고르게 펼쳐지도록 한다.

6 **5**의 반죽을 덩어리(벽돌 절반 크기 정도)가 될 때까지 접는다. 지방 반죽이 겉부분이 되고, 안쪽은 베이컨 질감이 느껴지는 라인이 만들어지도록 한다.

7 크게 자른 유산지로 **6**을 단단히 말아준 후 호일로 감싼다.

8 단단하게 굳을 때까지 최소 2~3시간 동안 냉동실에 넣어둔다.

9 반죽을 꺼내 충분히 해동시킨 후 얇은 베이컨 조각처럼 길게 자른다.

10 중불로 달군 프라이팬에 올리브오일을 두르고, 베이컨이 노릇하고 바삭해질 때까지 굽는다. 이때 딱 한 번만 뒤집는다.

11 키친타월이나 건조대 위에 올려 기름기를 제거하고 식힌다.

두유피 베이컨

두유피는 내가 자주 사용하고 좋아하는 재료다. 나는 두부 또는 잭프루트 치킨의 껍질을 만들기 위해 집에서 직접 두유피를 만들기도 했다. 당연히 두유피로 베이컨도 만들 수 있다. 나는 두유피를 베이컨처럼 길게 잘라서 가향을 하고 튀겼다. 이 방법은 식물성 재료로 쉽게 베이컨을 만들 수 있으면서 맛도 잘 살려냈다. 베이컨처럼 보이지 않을 수 있지만 여러분이 바삭하지 않고 촉촉한 베이컨을 원한다면, 두유피 베이컨은 적절한 선택이다.

이것은 햄버거에 토핑하면 더욱 맛있게 즐길 수 있다. 식물성 단백질로 만든 버거 위에 이 베이컨을 올려보자. 부러울 것 없는 버거가 될 것이다!

재료

유기농 두유 4컵
간장 ⅓컵
올리브오일 2큰술
영양 효모 2큰술
훈제액 1큰술
메이플 시럽 1큰술
파프리카 가루 ¼작은술
버섯 가루 1작은술
마늘 가루 ½작은술
그라인더로 간 흑 통후추 적당량

만드는 법

1 먼저 두유피를 만들어보자. 중형 프라이팬에 두유를 거의 다 채우거나 약 5cm 높이가 되도록 붓고 중불로 가열한다.

2 두유가 끓기 시작하면 표면에 막이 형성된다. 이것이 두꺼운 막이 돼서 윗면을 전체적으로 덮도록 기다린다.

3 2개의 스페튤라를 사용해 막의 가장자리를 훑어 프라이팬에서 느슨하게 떨어지도록 한다. 양쪽에서 조심스럽게 막을 들어 올린다.
tip. 두유피를 최대한 크게 만드는 게 좋다. 이것은 연습이 필요하다!

4 **3**을 걸이에 걸어 말리거나 큰 믹싱볼 가장자리에 빙 둘러 걸어서 말린다.

5 두유피에서 물이 거의 빠지면, 작업대 위에 올려 베이컨 크기의 긴 조각이 되도록 접는다.

6 여분의 믹싱볼에 남은 재료를 모두 넣고 섞으면 베이컨 향이 나는 소스가 만들어진다. **5**의 접은 두유피를 이 소스에 3~5분 정도 넣어둔다.

7 중강불로 달군 프라이팬에 올리브오일 1큰술을 넣는다. 두유피 베이컨을 노릇하게 굽는다.

8 베이컨이 타지 않도록 계속 뒤집어준다. 원하는 색이 나왔으면 키친타월이나 그물망 위에 올려 식힌다.

밀 전분으로 만든 베이컨과 페퍼로니

나는 물에 씻은 밀가루로 만든 미트를 개발한 후에 밀 전분에 많은 관심이 생겼다. 밀 전분은 세이탄을 만들기 위해 반죽을 씻어내는 과정에서 남은 탁해진 물에서 나온다. 이 물을 가만히 놔두면 모든 전분이 그릇 바닥에 가라앉는다. 녹말이 가라앉으면 물은 그때 버린다. 이때 가라앉은 녹말과 새로운 물을 약 50:50 비율로 섞으면 거의 팬케이크 반죽과 같은 농도가 된다. 다음 두 레시피에서 우리는 밀 전분을 분리하는 법부터 다양하게 활용하는 법까지 알아볼 것이다. 들어가기 앞서. 이 레시피를 만들 때는 충분한 전분을 남겨야 한다는 것을 유념하자. 만약 충분한 양의 전분이 없다해도 옥수수 전분과 물을 추가하면 된다. 자, 이제 요리를 시작해 보자!

밀 전분으로 만든 베이컨

재료

식물성 기름 적당량

올리브오일 1큰술

육류

밀 전분 ¼컵

타피오카 전분 1큰술

버섯 가루 1큰술

훈제 파프리카 가루 1작은술

간장 1작은술

훈제액 ¼작은술

메이플 시럽 1작은술

찬물 ¼컵

지방

밀 전분 ¼컵

찬물 1컵

버섯 가루 1큰술

조리에 필요한 도구

바닥이 편평한 케이크틀

케이크틀이 들어갈 수 있는
큰 프라이팬 또는 냄비

케이크틀이 들어갈 수 있는 큰 믹싱볼

만드는 법

1. 두 개의 믹싱볼을 준비한다. 하나에는 육류 재료를 모두 넣고 섞고, 다른 믹싱볼에는 지방 재료를 넣고 섞는다.
2. 케이크틀이 들어갈 수 있는 큰 프라이팬이나 냄비에 물을 2.5~5cm 높이로 붓고 중불로 끓인다.
3. 케이크틀에 식물성 기름 1작은술을 넣고 키친타월로 닦아내듯 얇고 고르게 펴 바른다.
4. 육류 재료를 섞은 혼합물을 **3**의 케이크틀에 붓는다. 케이크틀을 기울이고 돌리면서 고르게 분산되도록 한다.

   tip. 전분이 빠르게 가라앉으므로 붓기 직전에는 거품기로 충분히 저어야 한다.

5. 이제 그 위에 지방 재료를 섞은 혼합물을 붓는다. 스페튤라를 사용해 베이컨 느낌이 나도록 줄무늬 선을 만든다.

   * 육류와 지방 혼합물은 50:50 비율로 이루어져야 한다.

6. 케이크틀이 들어갈 수 있는 믹싱볼에 얼음물을 채운다.
7. **2**를 약불로 낮추고 냄비에 육류와 지방을 혼합한 케이크틀을 넣는다. 뚜껑을 덮고 약 4분간 찐다.
8. 시간이 지나면 케이크틀을 꺼내 **6**의 얼음물을 채운 믹싱볼에 넣고 즉시 식힌다.
9. 완전히 식으면 실리콘 주걱을 사용해 혼합물을 케이크틀과 분리한다.
10. **9**에 밀 전분을 살짝 뿌린 후 베이컨 크기로 자른다.
11. 중강불로 달군 프라이팬에 올리브오일을 두르고 베이컨을 노릇하게 굽는다.

밀 전분으로 만든 페퍼로니

이제 밀 전분으로 맛있는 비건 페퍼로니를 만들어보자. 페퍼로니를 충분히 얇게 만들면, 익혔을 때 진짜 페퍼로니처럼 말려 올라갈 것이다.

여러분은 이 놀라운 페퍼로니를 사용해 맛있는 비건 피자를 만들 수 있다!

재료

식물성 기름 적당량
올리브오일 1큰술

페퍼로니
밀 전분 ¼컵
타피오카 전분 1큰술
완두콩 단백질 1작은술
적포도주 1작은술
토마토 페이스트 ½작은술
찬물 ¼컵

페퍼로니 양념
버섯 가루 1큰술
훈제 파프리카 가루 1작은술
펜넬 시드 ½작은술
아니스 시드 ¼작은술
마늘 가루 ¼작은술
고춧가루 한 꼬집
설탕 ¼작은술
코셔소금 ¼작은술(65쪽 코셔소금 참고)

지방
밀 전분 ¼컵
카파 카라기난 또는 한천 가루 1작은술(선택사항)
올리브오일 ½작은술
찬물 ¼컵
타피오카 전분 1작은술

조리에 필요한 도구
바닥이 편평한 케이크틀
케이크틀이 들어갈 수 있는 큰 프라이팬 또는 냄비
케이크틀이 들어갈 수 있는 큰 믹싱볼

만드는 법

1 지방을 만들기 위해 밀 전분, 카파 카라기난, 올리브오일, 찬물을 믹싱볼에 넣고 잘 섞어준다.
2 케이크틀이 들어갈 수 있는 큰 프라이팬이나 냄비에 물을 2.5~5cm 높이로 붓고 중불로 끓인다.
3 케이크틀에 식물성 기름 1작은술을 넣고 키친타월로 닦아내듯 얇고 고르게 펴 바른다.
4 1을 케이크틀에 얇게 펴지도록 붓는다. 틀을 기울이고 돌려서 고르게 분산되도록 한다.
tip. 전분은 빠르게 가라앉으므로 붓기 직전에 거품기로 충분히 젓는다.
5 여분의 믹싱볼에 얼음물을 채운다.
6 **2**를 약불로 낮추고 케이크틀을 넣고 뚜껑을 덮는다. 3~4분간 익힌 후 **5**에 넣는다.
7 충분히 식으면 혼합물을 케이크틀에서 꺼내 돌돌 만 후 가늘게 썬다. 그런 다음 작은 조각으로 다지듯이 자른다.
8 믹싱볼에 **7**과 타피오카 전분 1작은술을 넣고 잘 섞는다. 덮개로 덮고 잠시 둔다.
9 이제 페퍼로니 양념 재료를 절구나 그라인더에 넣고 씨앗들이 잘 혼합될 때까지 빻거나 갈아준다.
tip. 블렌더를 사용해도 된다.
10 여분의 믹싱볼에 페퍼로니 재료와 **9**를 넣고 잘 섞어준다. 이제 제법 페퍼로니 냄새가 나고 분홍빛이 돌 것이다.
11 **8**의 지방 조각 절반을 **10**에 넣고 거품기로 혼합한다. 잘 섞이면 큰 페퍼로니 덩어리 2개가 나오도록 절반씩 케이크틀에 붓고 앞선 조리 과정(**2~6**)을 반복한다.
12 식으면 틀에서 꺼내 양면에 타피오카 전분과 코코넛오일을 바른다.
13 코코넛오일이 단단하게 굳을 수 있도록 페퍼로니를 약 1~2시간 정도 냉동실에 넣어둔다.
14 쿠키커터를 사용해 페퍼로니 조각을 잘라낸다.
tip. 나는 페트병 뚜껑을 사용했다. 이제 피자 위에 올려서 먹으면 된다!

유명한 훈제 수박햄

이 레시피는 덕스 이터리(Ducks Eatery)에서 판매하는 세계적으로 유명한 수박햄에서 영감을 받아 만들었다. 이 햄의 제조 과정을 분석하기 위해 많은 시간 동안 공부하고 연구했다. 훈제햄에는 어떤 염지법이 통용되고 있고, 어떤 향이 가장 지배적인지를 확실히 알고 싶었다. 훈제햄은 대체로 간장과 일반 염지액을 사용하고, 나머지 재료들에 글루타메이트만 추가해 주면 완성되었다. 이 과정이 까다로운건 사실이다. 하지만 그만한 가치가 있다. 실제 햄의 맛을 완전히 재현해 내지는 못하겠지만 분명 훌륭한 대체재로서 맛을 내고, 파티에 내놓아도 손색이 없다.

여러분이 이 수박햄에 무언가를 곁들이고 싶다면, 나는 그레이비를 강력 추천한다. 수박햄을 만들고 남은 물을 이용해 훈제향과 육향이 나는 맛있는 그레이비 소스를 만들어보자!

그레이비 소스 레시피

- 수박햄에서 나온 국물 1큰술
- 비건 버터 1큰술
- 중력분 1큰술
- 유기농 두유 또는 완두콩 우유 4컵
- 소금 약간
- 후추 약간

1 수박햄이 완전히 익으면 프라이팬에서 꺼낸다. 이때 팬에 남은 국물에 비건 버터를 넣고 녹인다.

2 팬 바닥에 붙은 것들을 긁어모은 후 중력분을 천천히 넣으면서 매끈한 페이스트를 만든다.

3 **2**에 유기농 두유 또는 완두콩 우유를 넣고 걸쭉해질 때까지 중불로 끓인다.

4 소금과 후추로 간을 하면 완성이다.

재료

자르지 않고 껍질을 제거한 큰 수박 1통
로즈메리 줄기 적당량(선택사항)
올리브오일

염지액

코셔소금 1컵
(65쪽 코셔소금 참고)
말린 오레가노 1큰술
코리앤더 가루 2큰술
생오레가노 줄기 1개
참나무 재 1큰술
간장 1컵
뜨거운 물 2컵

* 이 레시피는 가정용 훈연기와 수박이 들어갈 수 있는 큰 양동이나 아이스 박스가 필요하다.

만드는 법

1 큰 믹싱볼에 모든 염지액 재료를 넣는다. 소금이 용해될 때까지 저어서 섞는다.

2 수박이 들어갈 정도의 큰 양동이나 아이스박스에 얼음, 물, 1을 절반 높이까지 올라오도록 채운다. 필요하면 물을 더 넣어도 된다.

3 2에 수박을 넣고 48시간 동안 염지한다. 온도는 4℃를 유지해야 한다. 필요시 얼음을 더 넣는다.

4 염지한 수박을 베이킹 시트나 쟁반에 올린다. 이제 훈연기에 넣고 약 8시간 동안 간접 열기로 훈제한다.

tip. 겉면이 가죽 같은 느낌이 나고 수박의 크기가 절반으로 줄어들 때까지 훈제한다.

5 수박을 꺼내고 쟁반에 남은 액체는 버리지 않는다. 수박 윗부분에 약 2.5cm 깊이로 십자 모양의 칼집을 낸다.

6 중불로 달군 큰 프라이팬에 올리브오일을 약 1.3cm 높이로 채운다. 로즈메리도 몇 줄기 넣고 가열한다.

7 수박을 조심스럽게 프라이팬에 넣는다.

8 숟가락을 사용해 수박에 기름을 끼얹어가며 약 15분간 굽는다.

9 수박을 큰 도마 위에 올린다. 3~5분간 식힌 후 원하는 크기로 자른다.

비건 소시지

내가 자란 곳에서는 모든 사람이 소시지를 좋아했다. 소시지의 종류는 이탈리안 소시지에서부터 브렉퍼스트 소시지, 매운 소시지, 순한 맛 소시지에 이르기까지 너무나 다양하다. 요즘은 비건 가공육을 공장 단위로 만드는 곳이 많아서 우리는 쉽게 소시지를 대체하는 식물성 제품을 구입할 수 있다. 하지만 나는 건강한 식자재를 이해하기 위해서는 직접 만들어보는 것이 중요하다고 생각한다. 비건 소시지는 만들기 까다롭기는 해도 시중에 있는 그 어떤 소시지 못지 않게 훌륭한 맛과 식감을 선사한다. 이 레시피는 이탈리안 소시지 버전이지만, 몇 가지를 수정하면 브렉퍼스트 소시지나 자신이 선호하는 소시지로 만들 수 있다.

소시지와 어울리는 소스 레시피

- 양파 1개
- 피망 1개
- 비건 버터 1큰술
- 토마토 페이스트 1작은술
- 토마토 소스 적당량

1 중불에 프라이팬을 올리고 비건 버터를 녹인다.
2 양파와 피망을 넣고 투명해질 때까지 볶다가 토마토 페이스트를 넣는다.
3 양파와 피망을 간신히 덮을 정도로만 토마토 소스를 붓고 뭉근하게 졸이면 완성이다. 비건 소시지 위에 뿌려보자.

재료

TVP 1컵
완두콩 단백질 1큰술
차가운 증류수 1컵
증류수 ½컵
염화칼슘 1작은술

양념
영양 효모 1큰술
소금 1작은술
그라인더로 간 흑 통후추 1작은술
말린 파슬리 1작은술
말린 바질 1작은술
파프리카 가루 ½작은술
레드 페퍼 플레이크 1작은술
펜넬 시드 ½작은술
황설탕 1작은술
마늘 가루 1작은술
양파 가루 1작은술
말린 오레가노 ⅛작은술
타임 허브 ⅛작은술

지방
코코넛오일 1큰술
카놀라유 1큰술
썬드라이드 토마토병에 든 기름 1작은술
마마이트 또는 간장 1작은술
훈제액 ½작은술

결합제
메틸셀룰로스 1작은술
곤약 가루(글루코만난) ½작은술

케이싱용
증류수 2컵
알긴산나트륨 5작은술

만드는 법

1 먼저 케이싱을 만들어보자. 블렌더에 증류수와 알긴산나트륨을 넣고 30초 동안 저속으로 간다.
2 1을 긴 컵에 넣고 거품이 가라앉을 때까지 약 12시간 동안 냉장고에 넣어둔다.
3 믹싱볼에 TVP, 완두콩 단백질, 차가운 증류수를 넣고 완전히 섞은 후 30분 동안 냉장고에 넣어둔다.
4 다른 믹싱볼에 모든 양념 재료를 그릇에 넣고 섞어준다.
5 또 다른 믹싱볼에 모든 지방 재료를 넣고 잘 섞는다. 여분의 믹싱볼에는 결합제 재료를 넣고 혼합한다.
6 스탠드믹서에 **3**,**4**,**5**를 모두 넣고 5분간 섞는다.
7 **6**을 손으로 치대 소시지 모양으로 만든 다음 랩으로 돌돌 만다. 끝을 비틀어서 봉한 후 30분 동안 냉동시킨다.
8 증류수 반 컵과 염화칼슘을 분무기에 넣고 섞는다. 냉장고에 넣어둔 **2**를 꺼내고 여분의 그릇에 물을 채운다.
tip. 나는 이 과정을 다른 방식으로도 해봤지만 분무기를 사용하는 것이 가장 효과가 좋다.
9 긴 막대에 **7**의 얼린 소시지를 끼우고 **2**에 완전히 담갔다가 바로 **8**을 뿌려준다.
10 30초 후 깨끗한 물에 담근다.
11 프라이팬이나 그릴에 기름을 조금 두르고 소시지를 노릇하게 굽는다.

비리아 타코를 위한 멕시코식 풀드포크

비리아 타코는 내가 정말 좋아하는 음식이다. 이 타코는 최근 3년간 세계에서 가장 트렌디한 음식으로 뽑히며 미국 스트리트 푸드를 평정했다.

식물성 재료로도 맛있는 비리아 타코를 만들 수 있다는 것을 보여주고 싶어 오랜 시간 연구했다. 그리고 마침내 이 레시피를 개발했다. 완벽하지 않을 수 있지만, 맛은 정말 훌륭하다. 식물성 닭고기 믹스를 구하기 어렵다면 잭프루트를 사용해도 좋다.

* 소이컬(Soy curls) 또는 딜리시우(Deliciou) 식물성 닭고기 믹스는 www.amazon.com/shop/saucestache에서 구매할 수 있다. 또는 잭프루트 통조림을 사용해도 된다.
안쵸 칠리와 과히요 칠리는 멕시코 요리에서 많이 사용하는 고추 종류다. 이들은 말린 고추로 대체할 수 있다.

재료

소이컬(Soy curls) 또는 딜리시우 (Deliciou) 식물성 닭고기 믹스 2컵

물 3컵

화이트식초 1큰술

마마이트 1작은술

간장 1작은술

올리브오일 2큰술

버섯 가루 2큰술

안초 칠리(ancho chili) 10개

과히요 칠리(guajillo chili) 3개

다진 양파 ½개분

다진 마늘 ½통분

파이어 로스티드 토마토 다이스 통조림 1캔

물 4컵

커민 가루 1큰술

말린 오레가노 1큰술

소금 1작은술

월계수잎 5장

정향 5개

그라인더로 간 통 흑후추 1작은술

시나몬 스틱 1개

비건 치즈 적당량

고수 적당량

옥수수 토르티야 1봉
(직접 만들고 싶다면 71쪽을 참고하길 바란다.)

만드는법

1 중불로 달군 큰 냄비나 프라이팬에 소이컬 또는 딜리시우 식물성 닭고기 믹스, 물, 식초, 마마이트, 간장, 올리브오일 1큰술, 버섯 가루를 넣고 끓인다.

2 말린 고추의 꼭지를 따고 씨를 제거한 후, **1**에 넣는다. 뚜껑을 덮고 20분간 뭉근히 끓인다.

3 고추가 부드러워지고 보글보글 끓으면 국물 1컵과 고추를 건져낸다. 이것을 블렌더에 넣고 걸쭉하게 갈아 칠리 페이스트를 만든다.

4 냄비에 남은 나머지는 한 번 체에 거른 후 여분의 프라이팬이나 큰 냄비에 넣고 중강불로 익힌다.

tip. 체에 거르고 남은 국물은 따로 보관한다.

5 갈색빛이 돌면 믹스를 건져서 잠시 식힌다. 냄비의 바닥은 갈색 양념으로 잘 코팅이 되어 있어야 한다.

6 이제 콩소메[비리아 타코에서 매운 고추 국물을 이르는 말]를 준비할 차례다. 양념이 코팅된 냄비에 올리브오일 1큰술을 넣고 중불에서 다진 양파와 마늘을 투명해질 때까지 볶는다.

tip. 남아 있는 모든 양념이 묻을 수 있도록 한다.

7 **6**에 통조림 토마토, **4**에서 남은 국물, 칠리 페이스트(기호에 맞게)를 넣는다. 물 4컵을 넣고 저으면서 잘 섞어준다.

8 **7**에 커민 가루와 말린 오레가노, 소금을 넣는다.

9 치즈 면포나 깨끗한 면포를 사용해 월계수, 정향, 통흑후추, 시나몬 스틱을 넣고 향신료 주머니를 만든다.

10 주머니를 **8**의 냄비 측면에 걸쳐지게 넣고 뚜껑을 덮는다. 30~45분간 뭉근하게 끓인다.

11 옥수수 토르티야를 준비한다.

12 토르티야를 콩소메에 잠기도록 담근다. 중불로 달군 프라이팬에 기름을 두르고 토르티야를 올린다.

13 토르티야에 비건 치즈를 올려 살짝 녹도록 하고 식혀 둔 식물성 닭고기 믹스, 양파, 고수를 넣고 반으로 접어 양면이 모두 바삭해지도록 굽는다.

14 완성된 타코를 콩소메에 찍어 맛있게 먹는다.

tip. 콩소메에 양파와 고수를 조금 추가하면 더 맛있는 타코 소스가 된다.

비리아 타코를 위한 멕시코식 풀드포크·136쪽

바비큐 버섯 폭립

바비큐 폭립을 빼놓고 돼지고기 요리를 이야기할 수 없을 것이다. 이 레시피는 최고의 비건 셰프 데렉 사르노(Derelc Sarno)에게서 영감을 받은 것이다. 단언컨대 이 요리는 실제 바비큐 폭립과 견주어도 손색이 없다. 즙이 풍부하고 씹는 맛이 있어 바비큐 폭립에 대한 갈망을 충족시켜 줄 것이다. 나는 여러분에게 이 레시피를 적극적으로 추천하고 싶다. 그러니 한번 시도해 보길 바란다. 아마 여러분은 요리를 하는 동안 폭립에서 치킨에 이르기까지 다양한 용도로 사용 가능한 새송이버섯에 놀라워할 수도 있다.

바비큐 버섯 폭립과 마카로니 샐러드는 꽤 잘 어울린다. 이것도 한번 만들어보자!

같이 먹으면 더 맛있는 마카로니 샐러드 레시피

- 익힌 마카로니 파스타 225g
- 다진 빨간 피망 ½개분
- 다진 셀러리 2대분
- 다진 적양파 ¼개분
- 비건 마요네즈 1컵
- 사과식초 1큰술
- 디종 머스터드 2큰술
- 마늘 가루 ¼작은술
- 파프리카 가루 ½작은술
- 소금 약간
- 후추 약간

tip. 디종 머스터드는 82쪽을 참고해 비건 허니 머스터드로 만들어보자.

1 모든 재료를 그릇에 넣고 섞는다.

2 폭립을 만드는 동안 냉장고에 1~2시간 넣어둔다.

재료

중간 크기의 새송이버섯 6개
사과식초 1작은술
참기름 1큰술
버섯 가루 1큰술
소금 1작은술
후추 1작은술
커민 가루 1작은술
마늘 가루 1작은술
고춧가루 1작은술
훈제 파프리카 가루 1작은술
겨자 가루 ½작은술
훈제액 1작은술
올리브오일 적당량

조리에 필요한 도구
크기가 다른 무쇠 프라이팬 2개

만드는 법

1 버섯을 깨끗하게 손질한다.
tip. 솔로 버섯을 깨끗하게 닦고 제일 밑부분은 제거한다.

2 믹싱볼에 사과식초, 훈제액, 참기름을 넣고 섞은 후 손질한 버섯을 넣고 골고루 버무린다.

3 다른 믹싱볼에 버섯 가루, 훈제 파프리카 가루, 마늘 가루, 커민 가루, 겨자 가루, 소금, 후추를 넣고 잘 뒤섞는다.

4 큰 프라이팬에 올리브오일을 조금 두르고 중강불로 가열한다.

5 크기가 더 작은 프라이팬도 가열한다. 이때 프라이팬의 바닥이 반드시 깨끗해야 한다.
tip. 나는 가열한 프라이팬 바닥을 붓으로 약간 기름칠해 둔다.

6 **2**의 양념에 버무린 버섯을 큰 프라이팬에 넣는다. 이때 가열한 작은 프라이팬을 사용해 버섯을 완전히 납작하게 눌러준다. 납작해지도록 꽉 누르면서 양면을 고르게 익힌다.

7 버섯을 베이킹 시트나 오븐용 그릇에 올리고 양면에 **3**을 바른 후 다시 노릇해질 때까지 프라이팬에 구워준다. 오븐을 사용할 경우 175°C로 예열해 45분 동안 굽는다.

라이스 페이퍼로 만든 돼지껍데기 과자

나는 우연히 비건 치킨을 라이스 페이퍼로 감싸다가 문득 에어 프라이어에 넣으면 어떻게 될지 궁금해졌다. 에어 프라이어에 라이스 페이퍼를 조리하니 껍질 표면에 기포가 생기고, 살짝 부풀어 형태가 커졌다. 나는 곧장 라이스 페이퍼 한 장을 가지고 와서 뜨거운 기름으로 가득 찬 프라이팬에 던져 넣었다. 펑! 거대한 라이스 페이퍼 뻥튀기가 만들어졌다. 이후 인터넷으로 조사해 보니 라이스 페이퍼 뻥튀기를 만든 사람이 내가 처음이 아님을 깨달았다. 이 기발하고 우연한 발견으로 나는 더 맛있는 음식을 즐길 수 있게 되었다. 이것은 나와 내 아내가 좋아하는 간식 중 하나다.

재료

라이스 페이퍼 2장
메이플 시럽 약간
파프리카 가루 한 꼬집
마늘 가루 한 꼬집
소금 한 꼬집
식물성 기름

만드는 법

1. 큰 프라이팬에 기름을 2.5cm 높이로 붓고 190℃로 가열한다.
2. 라이스 페이퍼를 4cm×5cm 크기의 작은 직사각형으로 자른다.
3. 기름이 충분히 가열되면 한번에 1~3장씩 떨어트린다. 바로 라이스 페이퍼가 부푼다.
4. 라이스 페이퍼가 부풀면 바로 기름에서 건져낸다. 기름기를 뺀 후 바삭해지면 큰 믹싱볼에 넣는다.
5. 메이플 시럽, 파프리카 가루, 마늘 가루, 소금을 넣어 양념한다.

tip. 참기름, 영양 효모, 파프리카 가루, 소금을 넣어보는 것도 좋다. 맛의 조합은 무궁무진하다! 팝콘이나 감자칩에 양념을 하듯 뿌려서 만들어보자.

Vegan Meat
해산물

자, 이제 마지막으로 우리는 근사한 비건 해산물 요리의 세계로 진입할 것이다. 나는 여러분이 여기까지 오면서 가능한 한 많이 시도하고, 실험해 보며 자신만의 비건 요리를 만들어냈길 기대한다. 이 장에서는 식물성 재료로 새우, 생선회, 생선튀김 등 몇 가지를 만들어볼 것이다. 쉬운 것부터 시작해서 점점 더 어려운 단계로 레시피를 구성했다. 물론 이 모든 레시피를 탐구하고 수정해서 새로운 무언가를 만들어봐도 좋다! 그러므로 자유롭게 활용해 보길 바란다.

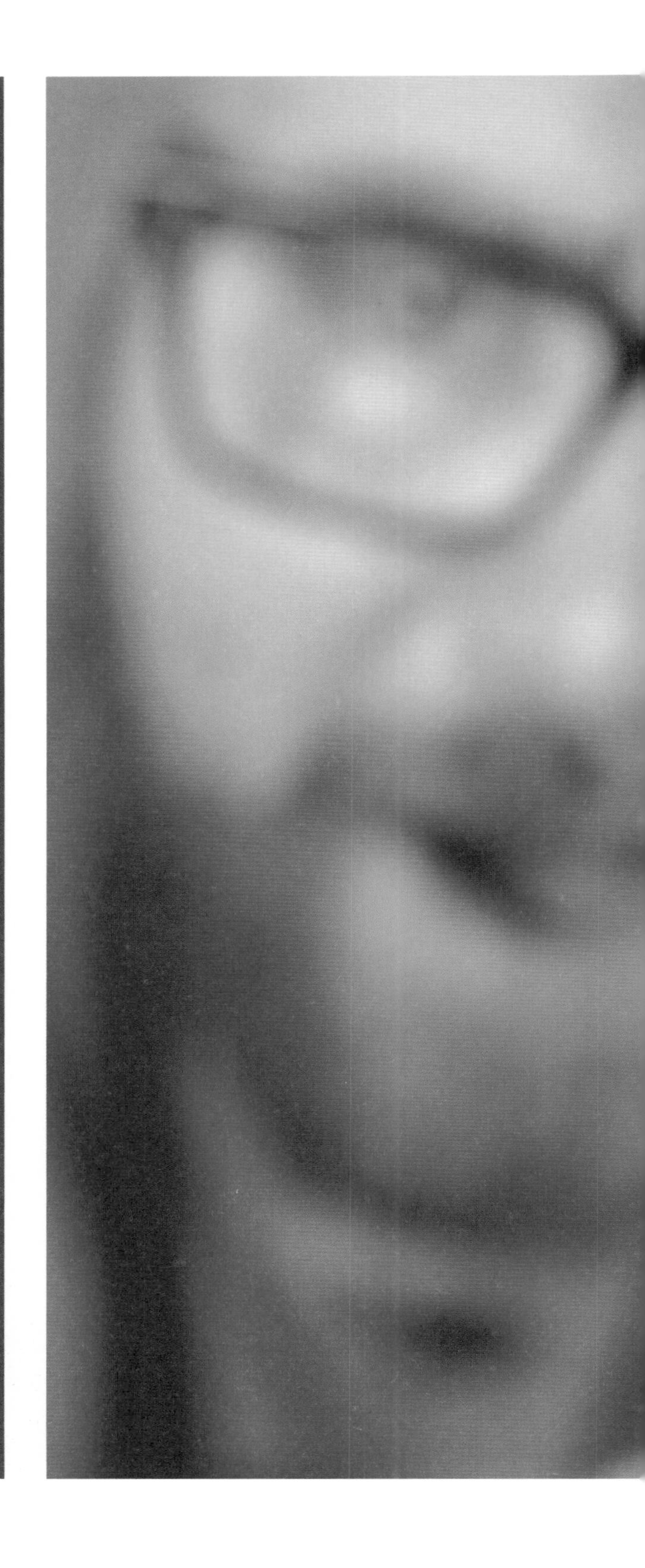

바나나 꽃으로 만든 생선튀김·146쪽

바나나 꽃으로 만든 생선튀김

꽃으로 생선튀김을 만들 수 있을까? 이 레시피는 바나나 나무의 꽃을 사용한다. 바나나 꽃은 바나나 블로섬(banana blossom), 바나나 하트(banana heart)라고도 불리며, 베트남, 타이 등 동남아시아와 인도에서 쉽게 접할 수 있는 식재료다. 통조림에 든 바나나 꽃은 마트에서 구하기 어려우므로 온라인 구매를 추천한다. 완벽한 상태의 바나나 꽃을 만날 수도 있고 때로는 꽃잎들이 모두 떨어져 있을 수도 있다. 하지만 바나나 꽃의 상태가 어떻든 맛있고, 식감이 훌륭한 생선튀김을 만들 수 있다.

　나는 이 생선튀김을 넣어 타코를 만드는 걸 좋아한다. 튀긴 생선 너겟이나 필레를 토르티야에 올리고 좋아하는 재료 한 가지를 올려 먹으면 된다.

생선튀김과 어울리는 소스 레시피

- 비건 마요네즈 1컵
- 아도보 소스(adobo sauce) 2작은술 [고춧가루, 식초, 설탕 등으로 만든 멕시코식 소스]
- 스리라차 소스 2작은술
- 아가베 시럽 1작은술
- 마늘 가루 1작은술
- 소금 1작은술
- 후추 ½작은술
- 커민 가루 ½작은술
- 카이엔페퍼 ½작은술
- 라임즙 1큰술
- 다진 고수 ¼컵

● 모든 재료를 그릇에 넣고 섞는다.

재료

바나나 꽃 통조림 2캔
조미김 1봉
밀가루 1½컵
옥수수 전분 ½컵
베이킹 파우더 1작은술
차가운 탄산수 1병(567g)
레몬 1개
강황 가루 ¼작은술
소금 약간
튀김용 식물성 기름

만드는 법

1 바나나 꽃 통조림의 물을 버리고 바나나 꽃을 헹군 후 잠시 둔다.

2 조미김을 빻다가 블렌더에 넣고 살짝만 갈아준다.

3 믹싱볼에 **2**, 밀가루 ½컵, 소금을 넣고 뒤섞는다.

4 큰 프라이팬에 기름을 붓고 175℃로 가열한다.

5 여분의 믹싱볼에 밀가루 1컵, 옥수수 전분, 베이킹 파우더, 강황 가루, 소금을 넣고 잘 섞는다.

6 **5**에 레몬을 짜내고 팬케이크 반죽 농도가 될 때까지 거품기로 섞는다. 이때 탄산수를 천천히 붓는다.

7 바나나 꽃을 **3**에 굴린 후, **6**에 넣었다가 뜨거운 기름에서 짧게 튀긴다.

tip. 한 번에 몇 조각씩만 튀겨야 한다. 프라이팬에 꽉 차게 넣어서는 안 된다.

8 건조대나 키친타월 위에 올려 기름기를 제거하고, 소금으로 간을 한다.

셀러리 뿌리로 만든 생선튀김

셀러리는 향이 거의 없지만 풍부한 식감을 가지고 있는 재료다. 셀러리의 사촌인 셀러리 뿌리는 때때로 셀러리악이라고도 한다. 이것은 셀러리와 같은 향을 희미하게 지니고 있으며 깔끔하게 부서지는 질감도 가지고 있다. 이 기묘한 뿌리 채소를 제대로 익히고 찌면 건강하고 맛있는 생선 요리를 만들 수 있다.

셀러리 뿌리는 이 레시피와 같이 튀김으로 만드는 것이 가장 좋지만, 다양한 시도를 해보는 것을 추천한다. 해초로 감싸거나 좋아하는 양념을 발라 오븐에 넣고 구워 보자. 여러분은 새로운 맛의 세계를 알게 될 것이다. 나는 생선튀김 하면 자연스럽게 타르타르 소스가 생각난다. 타르타르 소스는 생선튀김과 좋은 짝을 이루는 데다 만들기도 쉽다!

생선튀김과 잘 어울리는 타르타르 소스 레시피

- 비건 마요네즈 ¼컵
- 달콤한 렐리시 2큰술
- 다진 양파 1작은술
- 식물성 우유 1작은술
- 다진 케이퍼 1작은술
- 레몬즙 ½작은술
- 말린 파슬리 ¼작은술
- 아가베 시럽 1작은술

● 모든 재료를 그릇에 넣고 섞어 냉장고에 1시간 동안 넣어둔다.

재료

껍질을 깎아내고 씻은 셀러리 뿌리 3통

올리브오일 2큰술

바다소금 2작은술

켈프 그래뉼 1큰술

tip. 켈프 그래뉼은 다시마 과립 또는 조미김을 빻아서 대체할 수 있다.

옥수수 전분 1컵

마리네이드

올리브오일 ½컵

쌀식초 ½컵

케이퍼가 담긴 용액 1작은술

케이퍼 1큰술

레몬즙 1개분

설탕 1큰술

젖은 반죽

밀가루 약 2컵

베이킹 소다 1작은술

바다소금 1작은술

맥주 1캔

튀김용 식물성 기름

만드는 법

1 셀러리 뿌리를 1.3~2cm 두께로 자른다.

2 믹싱볼에 셀러리 뿌리, 올리브오일, 바다소금, 켈프 그래뉼을 넣고 골고루 버무린다.

3 오븐을 205℃로 예열한다. 셀러리 뿌리를 유산지를 깐 베이킹 시트 위에 올리고 **2**에서 만든 양념을 그 위에 붓는다.

4 오븐에 **3**의 셀러리 뿌리를 30분간 굽는다. 시간이 지나면 꺼내 마리네이드를 만들 동안 잠시 둔다.

5 큰 믹싱볼에 마리네이드 재료들을 넣고 섞는다.

6 셀러리 뿌리를 **5**에 넣고 덮개를 씌운 후 냉장고에 6시간 동안 넣어둔다.

7 큰 냄비에 기름을 7.5cm 높이만큼 붓고 190℃로 가열한다.

tip. 반드시 충분히 큰 냄비를 사용해야 한다. 안전을 위해 절반 높이 이상으로 기름을 채우지 않는다.

8 여분의 믹싱볼에 젖은 반죽 재료를 넣고 잘 섞는다. 다른 그릇에는 옥수수 전분을 담는다.

9 셀러리 뿌리를 옥수수 전분에 넣고 젖은 반죽을 묻힌 후 기름에 튀긴다. 황금빛 갈색이 될 때까지 노릇하게 튀기고 그물망 위에 올려 기름기를 제거한다.

tip. 튀길 때 한번에 몇 조각씩만 튀기도록 한다.

10 입맛에 맞게 소금으로 간을 한다.

당근으로 만든 훈제 연어

훈제 연어와 베이글은 내가 가장 좋아하는 조합이다. 그래서 나는 식물성 재료로 어떻게 연어를 대체할 수 있는지에 대해 고민했고, 의외로 답은 쉽게 나왔다. 이것은 이 책의 레시피 중 가장 쉽고 재밌다. 훈제 연어를 필요로 하는 음식에 사용할 수 있다. 물론 초밥을 만들 때도 연어 대신에 사용할 수 있다! 당근을 제대로 올리고, 토핑을 멋드러지게 하면 차이를 느끼지 못할 정도의 훌륭한 비건 훈제 연어가 완성된다.

재료

당근 3~4개

코셔소금 900g
(65쪽 코셔소금 참고)

물 1컵

간장 ½컵

화이트식초 1작은술

케이퍼가 담긴 용액 1작은술

훈제 파프리카 가루 ½작은술

훈제액 ¼작은술

켈프 그래뉼 ½큰술

tip. 켈프 그래뉼은 다시마 과립 또는 조미김을 빻아서 대체할 수 있다.

카놀라유 1큰술

케이퍼 적당량

딜 적당량

만드는 법

1. 오븐은 220℃로 예열한다.
2. 당근은 씻어서 젖은 상태로 둔다. 오븐용 그릇에 코셔소금을 깐 후 그 위에 당근을 올린다.
3. 당근 위에 소금을 넉넉히 덮고 30~40분간 굽는다.
4. 큰 믹싱볼에 물과 나머지 재료들을 넣고 섞는다.
5. 당근이 다 구워지면 소금을 걷은 후 완전히 식힌다.
6. 당근을 얇게 잘라 **4**에 담가 숙성시킨다. 뚜껑을 덮고 12시간 정도 냉장고에 넣어둔다.
7. 당근을 양념에서 꺼내 케이퍼와 딜을 올리고 맛있게 먹는다!

- 영상에는 무, 비트, 피망을 이용한 레시피도 있으니 참고하길 바란다.

당근으로 만든 훈제 연어·151쪽

비건 생선회

지금 소개할 레시피는 여러분이 정말 생소하다고 느낄 수도 있다. 이것은 곤약으로 이런저런 시도를 해보다가 새로운 아이디어가 떠올라 만든 것이다. 작고 네모난 젤리 같은 곤약은 생선으로 대체하기에 훌륭한 질감을 가지고 있으며, 얼핏 생선 냄새가 나기도 한다. 곤약을 해산물 대체재로 사용하기 위해 노력하고 있는 몇몇 기업들을 알게 된 후, 나도 곤약으로 실험을 해봐야겠다는 생각이 강력하게 들었다.

곤약으로 비건 생선회를 만들고 나면 여러분은 분명 초밥이나 회덮밥을 만들고 싶을 것이다. 자, 그럼 간단한 초밥 레시피를 소개한다. 쉽고 간단하게 만들 수 있다!

간단하게 만드는 초밥 레시피

- 초밥용 쌀을 씻어서 지은 밥 2컵
- 소금 1큰술
- 설탕 ¼컵
- 쌀식초 ¼컵
- 화이트와인식초 ¼컵

1 작은 냄비에 소금, 설탕, 식초를 넣고 섞는다. 설탕이 용해될 때까지 약불로 가열한다.

2 밥을 큰 믹싱볼에 담고 1의 단촛물을 천천히 흘려 넣어주며 잘 뒤섞는다.

3 밥과 단촛물을 섞는 동안 얇은 도마나 마분지를 사용해 밥에 부채질을 한다.

4 이렇게 하면 밥이 마르면서 특유의 찰기가 있는 식감이 생긴다.

재료

곤약검 2큰술

알긴산나트륨 1작은술

바다소금 1작은술

켈프 그래뉼 ½작은술

tip. 켈프 그래뉼은 다시마 과립 또는 조미김을 빻아서 대체할 수 있다.

파프리카 가루 ½작은술

물 3컵+1큰술

아가베 시럽 1작은술

올리브오일 1작은술

수산화칼슘 1작은술

만드는 법

1 큰 믹싱볼에 곤약검, 알긴산나트륨, 바다소금, 켈프 그래뉼, 파프리카 가루를 넣고 거품기를 사용해 완전히 혼합되도록 섞는다.

2 물 3컵을 52℃까지 가열한 후 **1**에 붓는다. 이때 매우 빠르게 휘저어 준다.

tip. 매우 급속하게 겔화가 진행될 것이다.

3 남은 물, 아가베 시럽, 올리브오일, 수산화칼슘을 별도의 믹싱볼에 넣고 섞는다.

* 수산화칼슘은 피부에 닿지 않도록 주의한다.

4 **3**을 **2**에 붓는다. 큰 나무 주걱으로 치대면서 전체적으로 고르게 섞이도록 한다.

tip. 겔화가 급속하게 진행되므로 너무 과하게 섞으면 질감이 잘 부서지고 성기게 된다. 서로 합쳐질 때까지만 섞어준다.

5 **4**를 큰 믹싱볼이나 빵팬 또는 작은 베이킹용 그릇에 넣고 눌러준다.

6 뚜껑을 덮고 1시간 동안 잠시 둔다. 냄비에 소금물을 끓이고 여분의 믹싱볼에 얼음물을 준비한다.

7 **6**을 꺼내 끓는 소금물에 넣고 30분 동안 삶은 다음, 바로 얼음물에 넣는다.

8 생선회를 만들려면 얇게 자르고, 포케(poke)를 만들 경우 깍둑썰기를 한다. 혹은 그냥 와사비를 발라 간장에 찍어 먹어도 된다.

노루궁뎅이로 만든 게살 케이크

나는 노루궁뎅이 버섯을 정말 좋아한다. 여기에는 여러 가지 이유가 있다. 노루궁뎅이는 재미있는 식감을 가지고 있고, 순한 게살 맛이 나기 때문에 다양한 해산물 요리에 사용하기 쉽다. 이 레시피는 식물성 재료로 게살을 만드는 간단한 방법이다. 게살이 필요한 모든 요리에 사용할 수 있으니 꼭 한번 만들어보길 바란다.

다음은 간단히 만들 수 있는 소스 레시피다. 게살 케이크에 뿌려 먹으면 더욱 깊은 풍미를 느낄 수 있다!

간단하게 만드는 게살 케이크 소스 레시피

- 비건 마요네즈 ¼컵
- 디종 머스터드 ½작은술
- 파프리카 가루 ½작은술
- 레몬즙 ½개분

● 모든 재료를 그릇에 넣고 섞는다.

재료

크기가 큰 노루궁뎅이 1~2개
다진 마늘 3쪽분
올리브오일 2작은술
달걀 대체재 1개분, 액상은 3~4큰술
tip. 달걀 대체재를 찾는다면 이 책의 23쪽을 참고하자. 98쪽을 보면 직접 만들어 사용할 수 있다. 액상 달걀 대체재는 저스트 에그 제품을 추천한다.
간장 1작은술
쌀식초 1작은술
블랙스트랩 당밀 ½작은술
비건 마요네즈 2큰술
레몬즙 ½개분
말린 파슬리 1작은술
다진 적양파 ¼컵
올드베이 시즈닝 1작은술
빵가루 ¼컵
이탈리안 빵가루 ½컵

만드는 법

1 노루궁뎅이를 손으로 찢는다. 믹싱볼에 담고 마늘과 올리브오일 넣어 함께 뒤적인다.
tip. 이때 다시마 과립 또는 조미김을 빻아서 넣어보자! 풍미가 더욱 깊어진다.

2 노루궁뎅이를 베이킹 시트에 올리고 오븐을 175℃로 예열해 15분간 굽는다.
3 큰 믹싱볼에 나머지 재료들을 넣고 잘 섞는다.
4 오븐에서 버섯을 꺼내 **3**에 넣는다.
5 손으로 **4**의 버섯을 치대 패티 모양을 만든다. 필요시 물을 추가한다.
6 소금과 후추를 넣어 간을 한다.
7 중약불로 달군 프라이팬에 기름을 살짝 두른다. 게살 케이크를 올리고 원하는 색깔이 나올 때까지 노릇하게 굽는다.

◆◇ 참고한 자료

유튜브

The Edgy Veg
youtube.com/user/stillcurrentstudios

Thee Burger Dude
youtube.com/c/TheeBurgerDude

Mary's Test Kitchen
youtube.com/user/marystestkitchen

Gaz Oakley
youtube.com/avantgardevegan

Wicked Kitchen
youtube.com/c/WickedKitchenFood

Kitchen Alchemy from Modernist Pantry
youtube.com/c/KitchenAlchemyfromModernistPantry

페이스북

The Seitan Appreciation Society
facebook.com/groups/MakingSeitan

The Washed Flour and Other Seitan Recipes and Methods
facebook.com/groups/1520295431471858

홈페이지

Kitchen Alchemy from Modernist Pantry
modernistpantry.com

Vegan Gastronomy
vegangastronomy.com

Google/Bing/DuckDuckGo

* 요리법이나 재료를 인터넷에 검색할 때는 충분히 조사하고, 올바른 정보가 맞는지 꼭 확인해 보길 바란다. 불가능한 요리는 없으며 여러분은 필요한 모든 정보를 알아낼 수 있을 것이다.

◆◇ 한국 내 비건 제품 구매처

베지푸드

www.vegefood.co.kr

베지푸드는 1998년 문을 연 국내 1세대 대체육 제조 기업이다. 비건 추어탕, 비건 크리스피너겟, 비건 새우, 비건 어묵 등 우리가 미처 알지 못했던 비건 제품들을 다양하게 만날 수 있다. 또한 대체육으로 만드는 요리 레시피도 소개한다.

지구인컴퍼니

www.unlimeat.com

지구인컴퍼니는 100% 식물성 재료로 대체육을 만드는 국내 회사다. 생산자·소비자·지구가 상생할 수 있는 가치를 목표로 삼고 있다. 지구인컴퍼니는 소비자 기호에 맞춘 식물성 육포, 만두, 제육볶음, 버거 패티 등 다양한 제품을 선보이고 있다. 대표적인 '언리미트' 상품은 단백질 함량이 높고 콜레스테롤 및 트랜스지방이 없는 것이 특징이다. 고기의 색감을 구현하기 위해 상품에 따라 비트, 석류, 카카오 파우더를 넣었고 병아리콩, 렌틸콩 등으로 영양을 더했다.

디보션푸드

www.devotionfoods.com

디보션푸드는 소고기 분쇄육과 비슷한 맛과 식감을 가진 식물성 고기를 생산하는 국내 기업이다. 디보션푸드가 만든 식물성 고기는 실제 고기의 맛과 형태는 물론 육즙과 향까지 재현했다. 그래서 고기를 구우면 겉부터 갈색으로 변하고 썰면 육즙이 비친다. 디보션푸드는 고기의 주요 구성요소인 단백질, 육즙, 지방을 각각 식물성 재료로 대체했다. 덜 익은 고기에서 나오는 붉은 육즙은 비트 같은 적색 식물성 재료를 사용해 대체했다. 고기 향이 나도록 천연 첨가물도 넣지만, 인공 첨가물이나 유전자변형 농산물(GMO)은 사용하지 않는다.

베러미트

www.shinsegaefood.com/brand/bettermeat

신세계 푸드의 자체 대체육 브랜드이며, 콜드컷 햄, 소시지 등 델리미트(냉장 가공육) 형태의 대체육 제품을 선보이고 있다. 최근 대두단백, 식이섬유 등 100% 식물성 원료로 만든 '베러미트 식물성 런천' 캔햄을 출시했다.

베지가든

smartstore.naver.com/veggiegarden

농심의 비건 브랜드이며, 독자적으로 개발한 고수분 대체육 제조기술(HMMA) 공법을 사용한다. 이는 현존하는 대체육 제조기술 중 가장 진보한 공법이다. 실제 고기와 유사한 맛과 식감은 물론, 고기 특유의 육즙까지 그대로 구현했다. 가장 대표적인 제품은 다양한 요리에 활용할 수 있는 식물성 다짐육과 패티다. 떡갈비와 너비아니 같은 한국식 메뉴를 접목한 조리 냉동식품도 있다.

옴니포크

돼지고기 대체육을 만드는 홍콩 회사로, 완두콩과 콩, 표고버섯, 쌀 등 식물성 단백질로 돼지고기와 유사한 식감의 식물성 고기를 제조한다. 100% 식물성 재료로 만든 옴니포크는 콜레스테롤과 항생제, 환경호르몬 등의 유해 성분이 없으며, 실제 돼지고기보다 포화지방, 칼로리는 현저하게 낮은 것이 특징이다. 국내에서는 마켓컬리에서 구매할 수 있다.

러빙헛

www.lovinghut.co.kr

러빙헛 코리아는 '유기농 비건'이라는 모토로 운영된다. 판매하는 모든 제품은 유기농 비건 또는 비건 제품이다. 콩까스, 콩햄, 콩단백, 밀단백 등 고기 대용 가공식품과 다양한 제품을 판매한다.

채식한끼

www.hanggi.kr

온라인 비건 종합 플랫폼이다. 채식 식당 정보뿐만 아니라 채식 제품, 레시피, 건강 정보, 커뮤니티 등 채식과 관련된 다양한 콘텐츠를 제공한다. 각 분야의 크리에이터들에게 쉽고 간편하게 정보를 묻거나 공유할 수 있다. 또한 매주 한 번 채식 반찬을 정기 배송하는 서비스도 운영하고 있다.

저스트 에그

www.ju.st/kr

미국 잇 저스트가 개발한 식물성 달걀 브랜드다. 달걀물 형태의 '식물성 스크램블'과 달걀 지단 형태의 '식물성 오믈렛' 등의 제품을 판매한다. 저스트 에그는 녹두, 강황 등 식물성 재료를 혼합해 달걀을 제조한다. 동물성 단백질은 전혀 들어가 있지 않으며, 비유전자변형식품 인증(non-GMO) 제품이다.

마켓허브

www.marketherb.com

건강식품을 판매하는 국내 회사로, 첨가물 없는 비트 가루, 한천 가루, 대두 레시틴, 버섯 가루 등을 구매할 수 있다.

◆◇ 비건 관련 어플

비니티 - 이거 비건일까?

식약처에서 제공하는 원재료 데이터를 사용해 비건 인증된 제품을 모아서 보여주는 어플이다. 비건 쇼핑몰도 한눈에 모아볼 수 있고, 채식 유튜버들의 레시피도 소개한다. 신제품 업데이트도 빠르며, 커뮤니티에서 정보 공유도 할 수 있다.

비건로드

지역별로 비건 레스토랑, 비건 카페, 비건 베이커리 등 비건식을 판매하는 곳을 소개하는 어플이다. 지도, 주소, 전화번호와 특징이 자세히 나와 있어 찾아보기 간편하다.

브릿지

다양한 사람들과 공유하는 자신만의 채식 식단 기록 어플이다. 채식 타입 설정, 식단 기록, 랭킹 확인, 채식 식단 모니터링 등 처음 채식을 시작하는 사람들이 보다 쉽고 편하게 채식을 지속할 수 있도록 다양한 기능을 제공한다.

◆◇ 찾아보기

ㅇ

ㅈ

ㅊ

ㅋ

ㅌ

ㅍ

ㅎ

감사의 말

모니카 스톤

나의 아내. 이 책은 당신에게 바치는 책입니다. 당신이 찍어준 사진과 레시피에 관한 명료한 평가에 또 한번 감사를 표하고 싶어요. 그리고 내 짜증과 스트레스를 감당하며 내 반쪽이 되어준 것에 대해 정말 감사합니다. 사랑합니다!

콜린 웨스트

솔라로 매니지먼트의 콜린. 솔라로 매니지먼트의 콜린. 내게 엄청난 기회를 주고, 소스 스태시팀의 일부가 되어준 것에 대해 감사를 전합니다. 당신은 내 꿈의 불씨를 지펴주었고, 많은 도움을 주었습니다.

테리 톰슨과 재니스 톰슨

아빠, 엄마. 아빠, 엄마. 두 분의 무한한 응원과 사랑 덕분에 제가 이렇게 성장하고 해낼 수 있었습니다. 큰 감사를 보냅니다. 엄마, 소스 스태시에 올리는 모든 비디오와 글을 페이스북을 통해 항상 공유해 주셔서 고맙습니다. 매일 공유된 게시물을 보면서 행복을 느낍니다. 두 분 모두 너무나 사랑합니다.

모니카, 마크, 레아, 맥스

누나, 매형, 그리고 두 명의 조카. 누나, 매형, 그리고 두 명의 조카. 너무나 멋진 나의 가족. 내가 하는 모든 일에 열광하고 응원해줘서 고맙습니다. 나의 유튜브 영상을 보고 보내주는 격려와 응원도 항상 감사합니다.

스톤과 세데스키 가족

베스, 제리, 사라, 자레드, 아이작, 레아. 여러분의 끊임없는 사랑, 지원, 격려가 큰 위안이 되었습니다. 그리고 소스 스태시에 대한 모든 지원에 감사를 보냅니다.

포커 친구들

앤디, 조, 레이, 아리스, 롭, 테렐. 유튜브, 비건 음식, 이 책, 그리고 다른 모든 것들에 대해 쉴 새 없이 떠드는 나에게 귀를 기울여준 것에 감사를 전합니다.

엠마 폰타넬라

@Emma's Goodies – 전략 가이드. 창조를 위한 영감, 그리고 우정! 힘든 시기를 버틸 수 있도록 아낌없이 응원해주고, 더 훌륭한 크리에이터가 될 수 있도록 지지해준 것에 대해 큰 감사를 전합니다. 내가 여기까지 올 수 있었던 건 당신이 내 곁을 지켜주었기 때문입니다.

엔조 피오렐로

@Son of a Pizza Man - 소스 스태시 로고의 그래픽 디자이너이자 비커 인 팟(Beaker in Pot) 그래픽 디자이너, 토마토 DNA Tomato DNA의 그래픽 디자이너. 엔조, 소스 스태시 로고를 만들 때 내가 설명한 어설픈 아이디어를 놀라운 디자인으로 만들어준 것에 대해 감사를 전합니다.

스티브 쿠사토

@Not Another Cooking Show. 나의 레시피와 아이디어를 위해 기꺼이 테스트 대상이 되어준 스티브, 당신의 도움과 웃음에 감사를 보냅니다. 당신과 요리에 대해 함께 논의하고 연구하면서 지금의 레시피를 완성할 수 있었습니다. 감사합니다!

내가 이 책을 쓸 수 있을 것이라 믿어준 망고 출판사(Mango Publishing)의 휴고 빌라보나(Hugo Villabona)와 관계자분들에게 감사를 전합니다.

나를 친절하게 맞아준 비건/식물 기반 커뮤니티에 감사합니다.

점점 더 많은 사람들이 채식을 즐길 수 있도록 훌륭한 레시피를 만드는 일에 노력을 기울이겠습니다.

나의 홈페이지 Patreon.com/SauceStache를 통해 끊임없이 응원을 보내준 팬분들에게도 감사합니다!

옮긴이 최경남

이화여자대학교 교육학과를 졸업하고 고려대학교 국제대학원에서 국제통상 협력학과 국제통상을 전공했다. FCB 한인 광고전략, 금강기획에서 다수의 광고를 제작했으며, 이후 영국에서 가장 오래된 요리학교 땅뜨 마리 요리 스쿨(Tante Marie Culinary Academy)을 졸업했다. 현재 엔터스코리아에서 출판 기획 및 요리 분야의 전문 번역가로 활동하고 있다. 주요 역서로는《광고 불변의 법칙》《타르틴 더 베이킹북》《요리가 자연스러워지는 쿠킹 클래스》《창의력 뿜뿜! 어린이 셰프 요리책》《창의력 뿜뿜! 어린이 파티시에 요리책》외 다수가 있다.

비건 미트

채소로 만드는 햄버거·스테이크·치킨·베이컨·씨푸드 비건 요리법

1판 1쇄 펴낸 날 2022년 10월 17일

지은이 마크 톰슨
옮긴이 최경남
주간 안채원
책임편집 장서진
편집 윤대호, 채선희, 이승미, 윤성하
디자인 김수인, 김현주, 이예은
마케팅 함정윤, 김희진

펴낸이 박윤태
펴낸곳 보누스
등록 2001년 8월 17일 제313-2002-179호
주소 서울시 마포구 동교로12안길 31 보누스 4층
전화 02-333-3114
팩스 02-3143-3254
이메일 bonus@bonusbook.co.kr

ISBN 978-89-6494-587-2 13590

• 책값은 뒤표지에 있습니다.